住房和城乡建设部“十四五”规划教材
全国住房和城乡建设职业教育教学指导委员会规划推荐教材

给水排水工程计量与计价实训

（给排水工程技术专业适用）

谭翠萍　祝丽思　主　编
边喜龙　主　审

中国建筑工业出版社

图书在版编目（CIP）数据

给水排水工程计量与计价实训/谭翠萍，祝丽思主编. —北京：中国建筑工业出版社，2021.11
住房和城乡建设部“十四五”规划教材 全国住房和城乡建设职业教育教学指导委员会规划推荐教材. 给排水工程技术专业适用
ISBN 978-7-112-26595-4

Ⅰ. ①给… Ⅱ. ①谭… ②祝… Ⅲ. ①给水工程-计量-高等职业教育-教材②排水工程-计量-高等职业教育-教材③给水工程-建筑造价-高等职业教育-教材④排水工程-建筑造价-高等职业教育-教材 Ⅳ. ①TU991

中国版本图书馆 CIP 数据核字（2021）第 188878 号

本书是全国住房和城乡建设职业教育教学指导委员会规划教材，依据现行《高等职业学校给排水工程技术专业教学标准》编写。本书以给水排水工程计量与计价任务为引领、以给水排水工程项目为载体，结合给水排水工程计量与计价典型案例，按照工程计价文件编制的工作过程组织实践教学内容。全书共分 5 个项目、15 个学习任务，主要内容包括室内生活给水排水工程计量与计价、室内消防给水工程计量与计价、庭院给水排水管道工程计量与计价、市政给水管道工程计量与计价和市政污水管道工程计量与计价等内容。

本书为高职院校给排水工程技术专业、工程造价专业的教学用书，也可供施工企业、工程造价机构等相关专业人员学习参考。

为便于教学，作者特别制作了教师课件，可从以下三种途径索取：
邮箱：jckj@cabp. com. cn
电话：（010）58337285
建工书院：http://edu. cabplink. com

责任编辑：吕　娜　王美玲　朱首明
责任校对：焦　乐

扫二维码可看
全书图纸资源

住房和城乡建设部“十四五”规划教材
全国住房和城乡建设职业教育教学指导委员会规划推荐教材
给水排水工程计量与计价实训
（给排水工程技术专业适用）
谭翠萍　祝丽思　主　编
边喜龙　主　审
*
中国建筑工业出版社出版、发行（北京海淀三里河路 9 号）
各地新华书店、建筑书店经销
霸州市顺浩图文科技发展有限公司制版
北京圣夫亚美印刷有限公司印刷
*
开本：787 毫米×1092 毫米 1/16 印张：12 字数：287 千字
2021 年 11 月第一版 2021 年 11 月第一次印刷
定价：**36.00** 元（赠教师课件）
ISBN 978-7-112-26595-4
（37861）

出版说明

党和国家高度重视教材建设。2016 年，中办国办印发了《关于加强和改进新形势下大中小学教材建设的意见》，提出要健全国家教材制度。2019 年 12 月，教育部牵头制定了《普通高等学校教材管理办法》和《职业院校教材管理办法》，旨在全面加强党的领导，切实提高教材建设的科学化水平，打造精品教材。住房和城乡建设部历来重视土建类学科专业教材建设，从“九五”开始组织部级规划教材立项工作，经过近 30 年的不断建设，规划教材提升了住房和城乡建设行业教材质量和认可度，出版了一系列精品教材，有效促进了行业部门引导专业教育，推动了行业高质量发展。

为进一步加强高等教育、职业教育住房和城乡建设领域学科专业教材建设工作，提高住房和城乡建设行业人才培养质量，2020 年 12 月，住房和城乡建设部办公厅印发《关于申报高等教育职业教育住房和城乡建设领域学科专业“十四五”规划教材的通知》（建办人函〔2020〕656 号），开展了住房和城乡建设部“十四五”规划教材选题的申报工作。经过专家评审和部人事司审核，512 项选题列入住房和城乡建设领域学科专业“十四五”规划教材（简称规划教材）。2021 年 9 月，住房和城乡建设部印发了《高等教育职业教育住房和城乡建设领域学科专业“十四五”规划教材选题的通知》（建人函〔2021〕36 号）。为做好“十四五”规划教材的编写、审核、出版等工作，《通知》要求：（1）规划教材的编著者应依据《住房和城乡建设领域学科专业“十四五”规划教材申请书》（简称《申请书》）中的立项目标、申报依据、工作安排及进度，按时编写出高质量的教材；（2）规划教材编著者所在单位应履行《申请书》中的学校保证计划实施的主要条件，支持编著者按计划完成书稿编写工作；（3）高等学校土建类专业课程教材与教学资源专家委员会、全国住房和城乡建设职业教育教学指导委员会、住房和城乡建设部中等职业教育专业指导委员会应做好规划教材的指导、协调和审稿等工作，保证编写质量；（4）规划教材出版单位应积极配合，做好编辑、出版、发行等工作；（5）规划教材封面和书脊应标注“住房和城乡建设部‘十四五’规划教材”字样和统一标识；（6）规划教材应在“十四五”期间完成出版，逾期不能完成的，不再作为《住房和城乡建设领域学科专业“十四五”规划教材》。

住房和城乡建设领域学科专业“十四五”规划教材的特点：一是重点以修订教育部、住房和城乡建设部“十二五”“十三五”规划教材为主；二是严格按照专业标准规范要求编写，体现新发展理念；三是系列教材具有明显特点，满足不同层次和类型的学校专业教学要求；四是配备了数字资源，适应现代化教学的要求。规划教材的出版凝聚了作者、主审及编辑的心血，得到了有关院校、出版单位的大力支持，教材建设管理过程有严格保障。希望广大院校及各专业师生在选用、使用过程中，对规划教材的编写、出版质量进行反馈，以促进规划教材建设质量不断提高。

住房和城乡建设部“十四五”规划教材办公室

2021 年 11 月

序　　言

2015年10月受教育部（教职成函〔2015〕9号）委托，住房城乡建设部（住建职委〔2015〕1号）组建了新一届全国住房和城乡建设职业教育教学指导委员会市政工程类专业指导委员会，它是住房和城乡建设部聘任和管理的专家机构。其主要职责是在住房和城乡建设部、教育部、全国住房和城乡建设职业教育教学指导委员会的领导下，研究高职高专市政工程类专业的教学和人才培养方案，按照以能力为本位的教学指导思想，围绕市政工程类专业的就业领域、就业岗位群组织制定并及时修订各专业培养目标、专业教育标准、专业培养方案、专业教学基本要求、实训基地建设标准等重要教学文件，以指导全国高职院校规范市政工程类专业办学，达到专业基本标准要求；研究市政工程类专业建设、教材建设，组织教材编审工作；组织开展教育教学改革研究，构建理论与实践紧密结合的教学体系，构筑校企合作、工学结合的人才培养模式，进一步促进高职高专院校市政工程类专业办出特色，全面提高高等职业教育质量，提升服务建设行业的能力。

市政工程类专业指导委员会成立以来，在住房和城乡建设部人事司和全国住房和城乡建设职业教育教学指导委员会的领导下，在专业建设上取得了多项成果。市政工程类专业指导委员会制定了《高职高专教育市政工程技术专业顶岗实习标准》和《高职高专教育给排水工程技术专业顶岗实习标准》；组织了"市政工程技术专业""给排水工程技术专业"理论教材和实训教材编审工作。

在教材编审过程中，坚持了以就业为导向，走产学研结合发展道路的办学方针，以提高质量为核心，以增强专业特色为重点，创新教材体系，深化教育教学改革，围绕国家行业建设规划，系统培养高端技能型人才，为我国建设行业发展提供人才支撑和智力支持。

本套教材的编写坚持贯彻以素质为基础，以能力为本位，以实用为主导的指导思路，毕业的学生具备本专业必需的文化基础、专业理论知识和专业技能，能胜任市政工程类专业设计、施工、监理、运行及物业设施管理的高端技能型人才，全国住房和城乡建设职业教育教学指导委员会市政工程类专业指导委员会在总结近几年教育教学改革与实践的基础上，通过开发新课程，更新课程内容，增加实训教材，构建了新的课程体系。充分体现了其先进性、创新性、适用性，反映了国内外最新技术和研究成果，突出高等职业教育的特点。

"市政工程技术""给排水工程技术"两个专业教材的编写工作得到了教育部、住房和城乡建设部人事司的支持，在全国住房和城乡建设职业教育教学指导委员会的领导下，市政工程类专业指导委员会聘请全国各高职院校本专业多年从事"市政工程技术""给排水工程技术"专业教学、研究、设计、施工的副教授以上的专家担任主编和主审，同时吸收工程一线具有丰富实践经验的工程技术人员及优秀中青年教师参加编写。该系列教材的出版凝聚了全国各高职高专院校“市政工程技术”“给排水工程技术”两个专业同行的心血，也是他们多年来教学工作的结晶。值此教材出版之际，全国住房和城乡建设职业教育教学指导委员会市政工程类专业指导委员会谨向全体主编、主审及参编人员致以崇高的敬意。对大力支持这套教材出版的中国建筑工业出版社表示衷心的感谢，向在编写、审稿、出版过程中给予关心和帮助的单位和同仁致以诚挚的谢意。本套教材全部获评住房城乡建设部土建类学科专业“十三五”规划教材，得到了业内人士的肯定。深信本套教材的使用将会受到高职高专院校和从事本专业工程技术人员的欢迎，必将推动市政工程类专业的建设和发展。

全国住房和城乡建设职业教育教学指导委员会
市政工程类专业指导委员会

前　　言

《给水排水工程计量与计价实训》是全国住房和城乡建设职业教育教学指导委员会规划教材，是给水排水工程计量与计价课程的实训教材。本教材依据现行《高等职业学校给排水工程技术专业教学标准》编写，与校外企业技术人员共同开发完成，其针对性、实用性强，教材以典型给水排水工程项目为载体，以职业能力培养为目标，以完成工作任务的工作过程为主线来组织内容，注重培养学生技术应用能力和岗位职业能力。

本教材结合工程案例，按照工程计价文件编制工作过程编写，依据《建设工程工程量清单计价规范》GB 50500—2013、《通用安装工程工程量计算规范》GB 50856—2013、《市政工程工程量计算规范》GB 50857—2013 和内蒙古自治区建设行政主管部门 2017 年颁发的《内蒙古自治区通用安装工程预算定额》《内蒙古自治区市政工程预算定额》《内蒙古自治区建设工程费用定额》及国家现行的法律、法规等有关内容编写，系统地介绍了给水排水工程施工图预算的编制、招标工程量清单的编制及招标控制价的编制，以任务引领、项目主导，培养学生编制给水排水工程计价文件的能力。本教材可作为给水排水工程技术专业实践教材，也可作为建筑行业相关岗位培训教材，还可供施工企业、工程咨询机构等相关专业人员学习参考。

教材参编人员及编写分工：内蒙古建筑职业技术学院谭翠萍编写项目 1；内蒙古建筑职业技术学院何荧编写项目 2；内蒙古建筑职业技术学院祝丽思、郭雪梅、马志广，内蒙古国友工程检测服务有限公司谭兴明合编项目 3；内蒙古建筑职业技术学院祝丽思编写项目 4、项目 5。本教材由内蒙古建筑职业技术学院谭翠萍、祝丽思担任主编，何荧担任副主编，黑龙江建筑职业技术学院边喜龙教授担任主审。

由于编者水平有限，时间仓促，不足和错漏之处在所难免，恳请广大读者批评指正。

编者

2020 年 12 月

目　　录

项目 1　室内生活给水排水工程计量与计价

【项目实训目标】　室内生活给水排水工程计价方式有定额计价和清单计价。学生通过本实训项目训练达到以下目标：

1. 能够编制室内生活给水排水工程施工图预算；
2. 能够编制室内生活给水排水工程招标工程量清单；
3. 能够编制室内生活给水排水工程招标控制价、投标报价；
4. 能够编制室内生活给水排水工程竣工结算。

工程案例：

某新建办公楼建筑面积为 $2000m^2$，砖混结构，该建筑室内给水排水工程平面图如图 1-1 所示。由平面图可见，底层有淋浴间，二、三层有厕所间。淋浴间设有 4 组淋浴器，一个洗脸盆，一个地漏。二层厕所内设有高水箱蹲式大便器 3 套，挂式小便器 2 套，洗脸盆 1 个，污水池 1 个，地漏 2 个。三层卫生间内卫生器具的布置和数量都与二层相同。室内给水系统轴测图如图 1-2 所示；室内排水系统轴测图如图 1-3 所示。图纸有关文字说明如下：

（1）给水管道采用 PPR 塑料管，热熔连接；明装给水塑料管采用管卡固定，暗装给水塑料管采用钢支架固定。

项目 1
案例图纸

（2）排水管道采用柔性排水铸铁管，密封橡胶圈接口。

（3）给水立管穿卫生间楼板时，应加塑料套管。

（4）室外检查井距墙外皮 3.0m。

（5）给水管道上的阀门均采用 J11T-16 型截止阀。

（6）卫生器具安装采用内蒙古自治区工程建设标准设计《12 系列建筑标准设计图集》12S1 卫生设备安装工程标准图：

大便器安装：12S1-100

小便器安装：12S1-129

洗脸盆安装：12S1-16

污水池安装：12S1-1

淋浴器安装：12S1-74

地漏安装：12S1-221

（7）明装铸铁管刷防锈漆 1 遍，银粉漆 2 遍；埋地铸铁管刷沥青漆 2 遍。明装管道支架刷防锈漆 1 遍，银粉漆 2 遍；暗装管道支架刷防锈漆 2 遍。

（8）地沟内热水管道采用厚度为 50mm 的阻燃橡塑保温，外做 1 道玻璃布保护层。

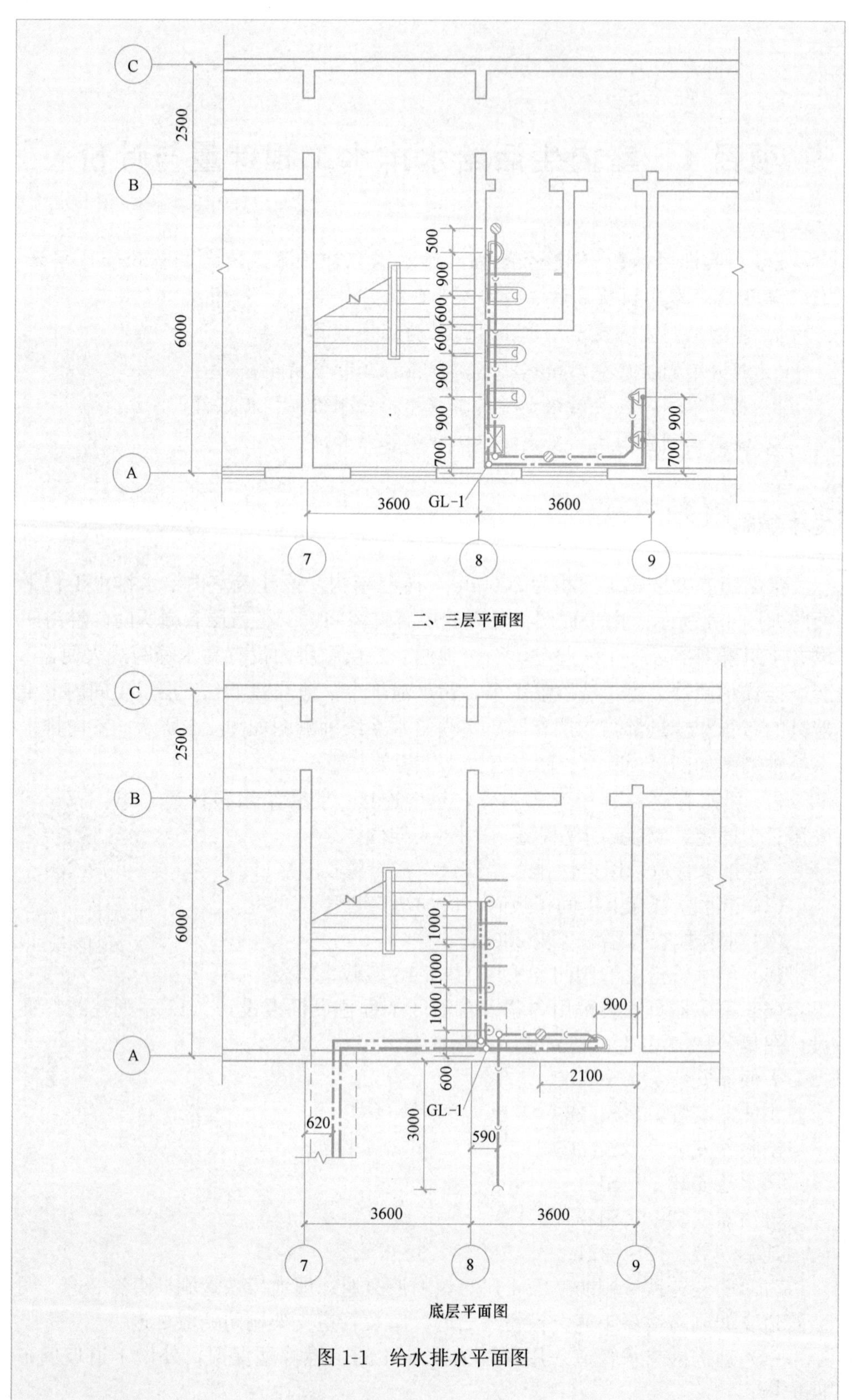
C
B
A
2500
6000
500
900
600
600
900
900
700
900
700
GL-1
3600
3600
7
8
9
二、三层平面图
C
B
A
2500
6000
1000
1000
1000
900
600
2100
GL-1
620
3000
590
3600
3600
7
8
9
底层平面图

图 1-1　给水排水平面图

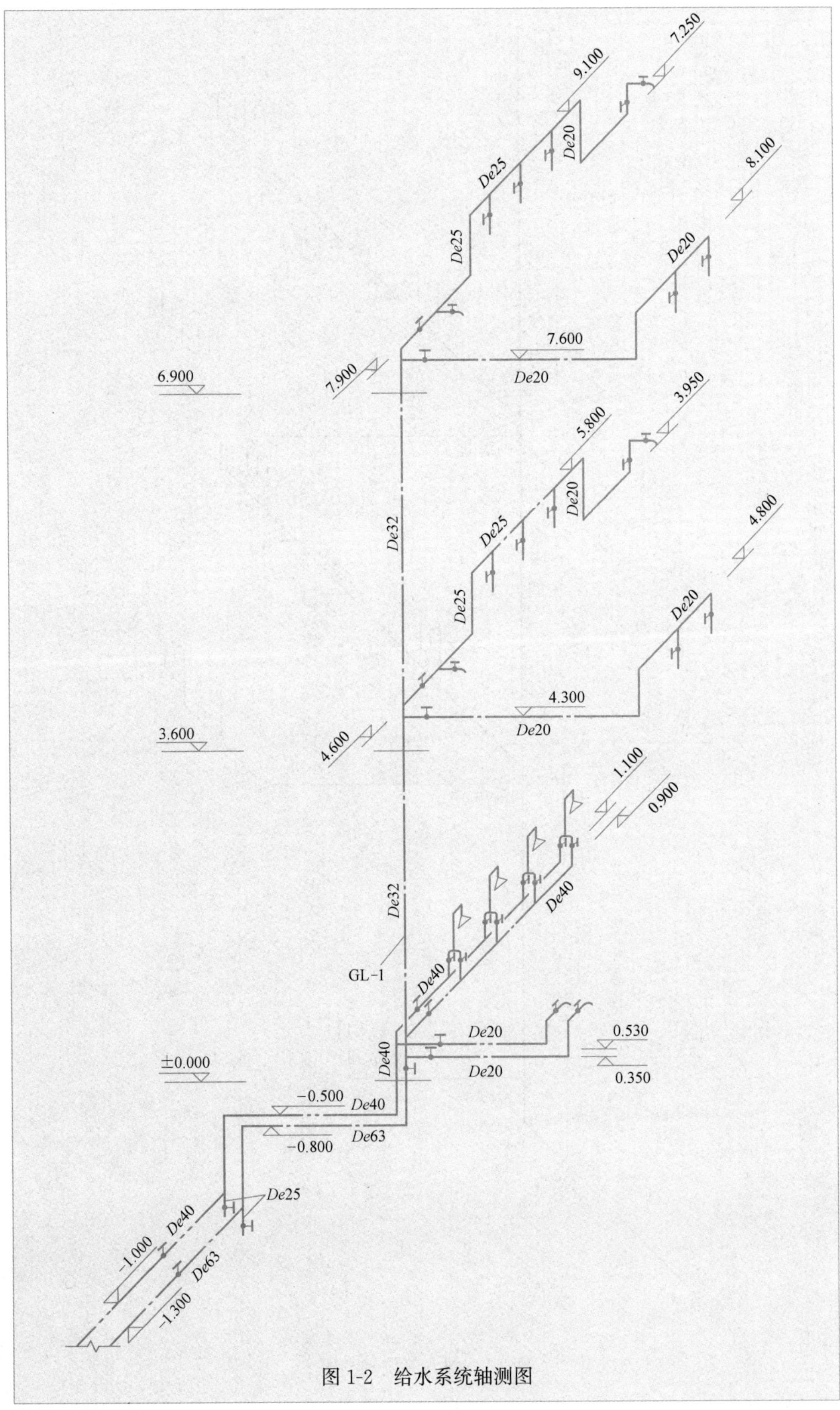
7.250
9.100
De20
De25
8.100
De25
De20
7.600
7.900
De20
6.900
3.950
5.800
De20
De25
4.800
De32
De25
De20
4.300
3.600
4.600
De20
1.100
0.900
De40
De32
GL-1
De40
De20
0.530
De40
De20
0.350
±0.000
−0.500
De40
De63
−0.800
De25
De40
−1.000
De63
−1.300

图 1-2　给水系统轴测图

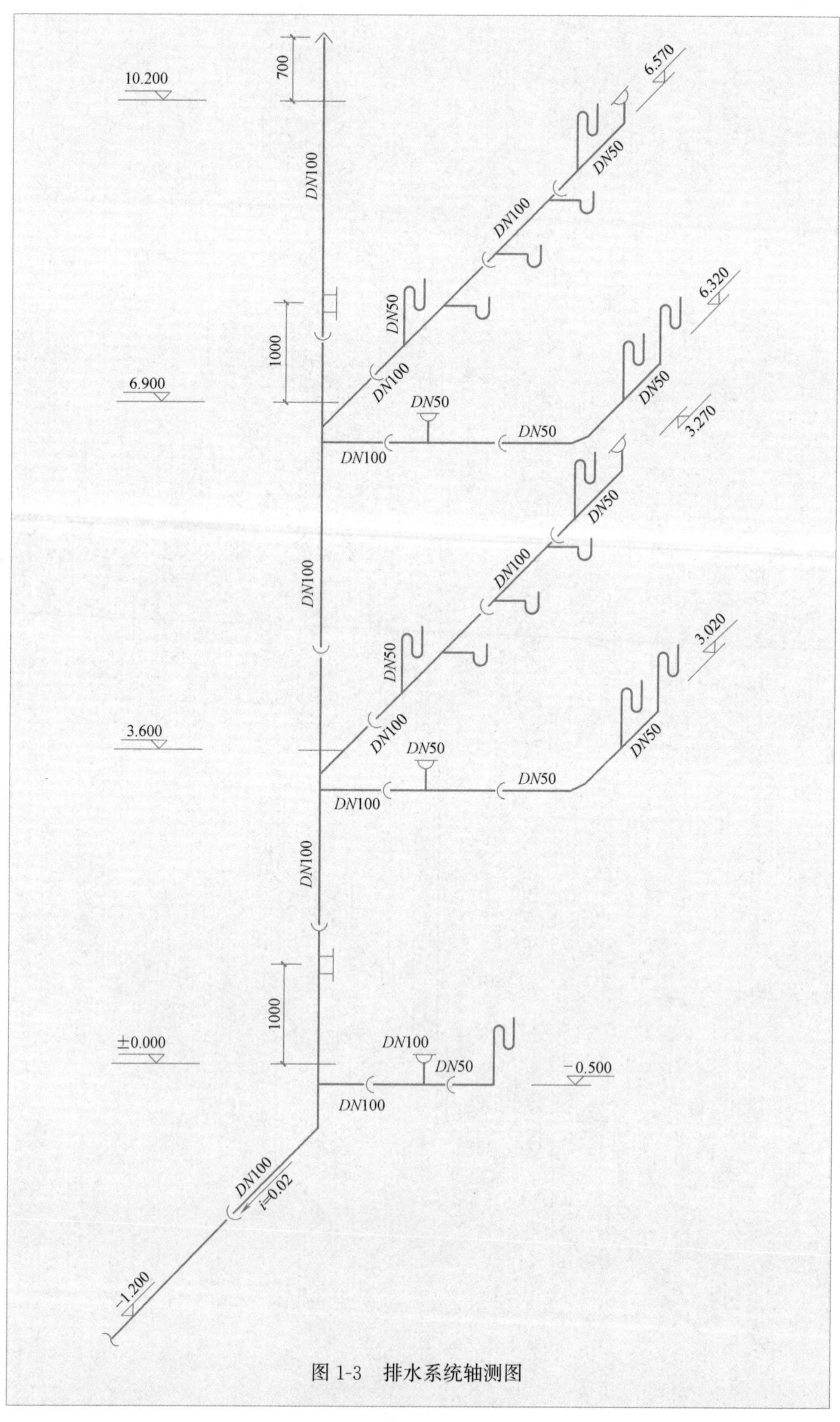
700
10.200
DN100
6.570
DN50
DN100
DN50
1000
6.900
DN100
DN50
6.320
DN50
3.270
DN50
DN100
DN100
DN50
DN100
DN50
3.020
3.600
DN100
DN50
DN50
DN50
DN100
DN100
1000
±0.000
DN100
DN50
-0.500
DN100
DN100
i=0.02
-1.200

图 1-3 排水系统轴测图

任务1　施工图预算编制

编制图 1-1～图 1-3 所示室内给水排水工程施工图预算。

1.1　实训目的

通过本次实训任务训练，培养学生具备如下能力：

（1）能识读室内生活给水排水工程施工图；

（2）能根据计算规则计算室内生活给水排水工程分部分项工程量；

（3）能熟练应用定额计算室内生活给水排水工程分部分项工程费；

（4）能正确应用计价依据计算室内生活给水排水工程措施项目费、其他项目费、规费和税金；

（5）能正确计算室内生活给水排水工程工程造价。

1.2　实训内容

（1）计算分部分项工程量；

（2）计算分部分项工程费及单价措施项目费；

（3）计算总价措施项目费；

（4）计算其他项目费；

（5）计算规费；

（6）计算税金。

1.3　实训步骤与指导

1.3.1　计算分部分项工程量

根据室内给水排水工程施工图 1-1～图 1-3，按照工程量计算规则计算分部分项工程量，计算结果见表 1-1 工程量计算书。

工程量计算书　　表 1-1

工程名称：某室内给水排水工程

序号	项目名称	单位	工程量计算公式	工程量
1	洗脸盆			
	冷水洗脸盆	组	1(二层)+1(三层)	2
	冷热水洗脸盆	组	1(一层)	1
2	冷热水淋浴器	套	4(一层)	4
3	*DN*20 水龙头	个	1(二层)+1(三层)	2
4	高水箱蹲式大便器	套	3(二层)+3(三层)	6
5	挂式小便器	套	2(二层)+2(三层)	4
6	*DN*50 带存水弯排水栓	组	1(二层)+1(三层)	2
7	地漏			

续表

序号	项目名称	单位	工程量计算公式	工程量
	*DN*50 地漏	个	2(二层)+2(三层)	4
	*DN*100 地漏	个	1(一层)	1
8	明装 PPR 给水管(±0.00 以上)			
	*De*20PPR 管	m	二、三层小便器 *De*20 支横管长度： L_{20}=[(左右水平长度)+(前后水平长度)+(垂直长度)]×2 根=[(3.60−0.12×2−0.07×2)+(0.70+0.90−0.12−0.07)+(4.80−4.30)]×2=10.26 式中 0.12——半墙厚度； 0.07——管中心距离墙面尺寸 二、三层洗脸盆 *De*20 给水支横管长度： L_{20}=(水平长度+垂直长度)×2 根 =[0.9+(5.80−3.95)]×2 =5.50 一层洗脸盆 *De*20 给水支管长度： L_{20}=水平冷水管长度×2(冷热两根) =(3.60−0.90−0.12−0.07)×2 =5.02 式中 0.12——半墙厚度； 0.07——管中心距离墙面尺寸	10.26 +5.50 +5.02 =20.78
	*De*25PPR 管	m	二、三层污水池、大便器 *De*25 给水支管长度： L_{25}=[(水平长度)+(垂直长度)]×2 根 =[(0.7+0.9×2+0.6×2−0.12−0.07)+(5.80−4.60)]×2 =9.42 式中 0.12——半墙厚度； 0.07——管中心距墙面尺寸 *De*25 给水立管长度： L_{25}=7.90−7.60=0.30	9.42+ 0.30 =9.72
	*De*32PPR 管	m	*De*32 给水立管长度： L_{32}=7.60−0.90=6.70	6.70
	*De*40PPR 管	m	一层淋浴器 *De*40 给水横管长度： L_{40}=水平冷水管长+水平热水管长=水平冷水管长×2=(1.0×3+0.6−0.07−0.12)×2=6.82 热水 *De*40 立管长度： L_{40}=1.10−0.00=1.10	6.82+ 1.10 =7.92
	*De*63PPR 管	m	*De*63 立管长度： L_{63}=0.90−0.00=0.90	0.90
9	暗装 PPR 给水管(±0.00 以下)			
	*De*25PPR 管	m	*De*25 泄水管长度： L_{25}=0.15×2=0.30 式中 一根泄水管按 0.15 估算	0.30

续表

序号	项目名称	单位	工程量计算公式	工程量
	*De*40PPR 热水管	m	*De*40 热水管道长度： L_{40}＝前后方向水平长度＋左右方向水平长度＋垂直方向长度 ＝(1.50＋0.37＋0.07)＋(3.60－0.62＋0.12＋0.07)＋[0.00－(－1.00)] ＝1.94＋3.17＋1.00＝6.11	6.11
	*De*63PPR 管	m	*De*63 热水管道长度： L_{63}＝前后方向水平长度＋左右方向水平长度＋垂直方向长度 ＝(1.50＋0.37＋0.07)＋(3.60－0.62＋0.07＋0.12)＋[(0－(－1.30)]	6.41
10	阀门			
	*DN*15 截止阀	个	1(二层)＋1(三层)＋2(一层)	4
	*DN*20 截止阀	个	1(二层)＋1(三层)＋2(入口泄水阀)	4
	*DN*32 截止阀	个	2(一层)＋1(入口阀)	3
	*DN*50 截止阀	个	1(一层出地面)＋1(入口阀)	2
11	穿楼板塑料套管			
	*DN*25 套管	个	1(二层地面)＋1(三层地面)	2
	*DN*32 套管	个	1(一层地面)	1
	*DN*50 套管	个	1(一层地面)	1
12	给水管道消毒、冲洗			
	*De*20PPR 管	m	20.78＋0.65×2(二、三层冷水洗脸盆成组安装包括的给水支管长度)＋0.65×2(一层冷热水洗脸盆成组安装包括的给水支管长度)＋0.25×6(高水箱大便器金属软管)	24.88
	*De*25PPR 管	m	9.72＋2.5×4(一层淋浴器成组安装包括的给水支管长度)	19.72
	*De*32PPR 管	m	6.70＋1.01×6(高水箱大便器安装包括的冲洗管长度)	12.76
	*De*40PPR 管	m	7.92(明装给水管长度)＋6.11(暗装给水管长度)	14.03
	*De*63PPR 管	m	0.90(明装给水管长度)＋6.41(暗装给水管长度)	7.31
13	明装排水管(±0.00 以上)			
	*DN*40 镀锌管	m	洗脸盆存水湾下 *DN*40 镀锌钢管立支管长度： L_{40}＝每根长度×根数 ＝(3.60－3.27＋0.15)×2＋[0－(－0.5)＋0.15] ＝1.61 式中　0.15——立支管高出地面 0.15m 小便器存水弯下 *DN*40 镀锌钢管立支管长度： L_{40}＝每根长度×根数 ＝(3.60－3.02＋0.15)×4＝2.92	1.61＋2.92＝4.53

续表

序号	项目名称	单位	工程量计算公式	工程量
	DN50 镀锌管	m	污水池存水弯下 DN50 镀锌钢管立支管长度： L_{50}=每根长度×根数 =(3.60−3.27)×2(根)=0.66	0.66
	DN50 铸铁管	m	二、三层地漏下 DN50 铸铁立支管长度： L_{50}=(3.6−3.27)×2+(3.6−3.02)×2 =1.82 二、三层地漏下 DN50 铸铁横管长度： L_{50}=(0.90+0.50)×2(根)=2.80 二、三层小便器下 DN50 铸铁横管长度： L_{50}=(左右方向长度+前后方向长度)×2 =[(2.10−0.12−0.13)+(0.70+0.90−0.12−0.13)]×2=6.40 式中 0.13——管中心距离墙面尺寸	1.82+ 2.80+ 6.40= 11.02
	DN100 铸铁管	m	大便器出水口下、存水弯上 DN100 铸铁立支管长度： L_{100}=每根长度×根数 =(3.60−3.27)×6=1.98 二、三层大便器下 DN100 铸铁横管长度： L_{100}=(0.70+0.9×2+0.6×2−0.13−0.12)×2(根)=6.90 二、三层小便器下 DN100 铸铁横管长度： L_{100}=(3.60−2.10−0.59)×2(根) =1.82 DN100 明装铸铁立管长度： L_{100}=10.20+0.7=10.90	1.98+ 6.90+ 1.82+ 10.90= 21.60
14	暗装排水管(±0.00 以下)			
	DN50 铸铁管	m	一层 DN50 铸铁横支管长度： L_{50}=2.10−0.90=1.20	1.20
	DN100 铸铁管	m	一层 DN100 地漏下铸铁立支管长度： L_{100}=0−(−0.5)=0.5 一层 DN100 铸铁横管长度： L_{100}=(3.60−2.10−0.59)=0.91 DN100 暗装铸铁立管长度： L_{100}=0.00−(−1.20)=1.20 排出管长度： L_{100}=3.0(外墙皮外管长度)+0.37(外墙厚)+0.13(立管中心距墙面尺寸)=3.50	0.5+ 0.91+ 1.20+ 3.50= 6.11
15	塑料成品管卡			
	DN15 管卡	个	6(二、三层洗脸盆横管)+8(二、三层小便器横管)+4(一层洗脸盆下横管)	18
	DN20 管卡	个	3(二层污水池、大便器横管)+3(三层污水池、大便器横管)	6
	DN25 管卡	个	1(一层立管)+1(二层立管)	2
	DN32 管卡	个	4(一层冷、热水横管)	4

续表

序号	项目名称	单位	工程量计算公式	工程量
16	钢支架质量			
	暗装支架质量	kg	$G=\sum$[某规格暗装给水管长度×每米管支架用量]＝6.11（De40PPR 管长）×0.53＋6.41（De63PPR 管长）×0.41 式中：每 m 管支架用量查附录 B	5.87
	明装支架质量	kg	$G=\sum$[某规格明装排水管长度×每米管支架用量]＝11.02（DN50 铸铁管长）×0.47＋21.6（DN100 铸铁管长）×0.81	22.68
17	铸铁管除锈刷油面积			
	明装铸铁管除锈刷油面积	m^2	$S=\sum\left[\frac{\text{某规格铸铁管长度(m)}}{10}\times\text{该规格铸铁管每 10m 的外表面面积}\right]=\frac{11.02}{10}\times 1.885+\frac{21.6}{10}\times 3.456$ 式中：铸铁管每 10m 的外表面面积查附录 A	9.54
	暗装铸铁管除锈刷油面积	m^2	$S=\sum\left[\frac{\text{某规格铸铁管长度(m)}}{10}\times\text{该规格铸铁管每 10m 的外表面面积}\right]=\frac{1.2}{10}\times 1.885+\frac{6.11}{10}\times 3.456$	2.34
18	保温层体积	m^3	De40PPR 地沟内热水管用保温层体积： $V=\frac{De40\text{ 管长(m)}}{100}\times\text{每 100m 管用保温层体积}=\frac{6.11}{100}\times 1.519$ 式中：每 100m 管用保温层体积查附录 C	0.09
19	保护层面积	m^2	De40PPR 地沟内热水管用保护层面积： $V=\frac{De40\text{ 管长(m)}}{100}\times\text{每 100m 管用保护层面积}=\frac{6.11}{100}\times 46.31$ 式中：每 100m 管用保护层面积查附录 C	2.83
20	楼板预留孔洞			
	DN25	个	1（冷水管穿二层地面）＋1（冷水管穿三层地面）	2
	DN32	个	1（热水管穿一层地面）	1
	DN50	个	1（冷水管穿一层地面）	1
	DN100	个	3（排水管穿一、二、三层地面）	3
21	墙体预留孔洞			
	DN20	个	2（二、三层大便器给水横管穿女卫生间墙）	2
	DN100	个	2（二、三层大便器排水横管穿女卫生间墙）	2

1.3.2 计算分部分项工程费及单价措施项目费

1. 计算分部分项工程费

分部分项工程费＝∑(定额基价×工程量)

定额基价＝人工费＋材料费＋机械费＋管理费＋利润

将表 1-1 中各分部分项工程量分别套用 2017 年《内蒙古自治区通用安装工程预算定额》第十册、第十二册，计算各分部分项工程费。

分部分项工程费计算结果见表 1-2 工程预算表。

2. 计算单价措施项目费

单价措施项目费＝∑(人工费＋材料费＋机械费＋管理费＋利润)

式中 人工费＝定额册部分分部分项人工费合计×系数×35％

材料费＋机械费＝定额册部分分部分项人工费合计×系数×65％

管理费＝单价措施项目费中人工费×管理费费率

利润＝单价措施项目费中人工费×利润率

其中的系数查定额册说明；管理费费率、利润率查 2017 年《内蒙古自治区建设工程费用定额》。

单价措施项目费计算结果见表 1-2 工程预算表。

工程预算表 表 1-2

工程名称：某室内给水排水工程

序号	定额号	工程项目名称	单位	工程量	单价(元)	合价(元)	定额人工费(元)	
							单价	合价
		分部分项工程				12551.13		3050.70
1	a10-1334	冷水洗脸盆成套安装	组	2.00	168.66	337.32	35.31	70.62
2	a10-1337	冷热水洗脸盆成套安装	组	1.00	371.28	371.28	38.52	38.52
3	a10-1378	冷热水淋浴器安装	套	4.00	130.71	522.84	12.71	50.84
4	a10-1402	*DN*20 水龙头安装	个	2.00	3.00	6.00	2.17	4.34
5	a10-1353	高水箱蹲式大便器安装	套	6.00	285.48	1712.88	63.94	383.64
6	a10-1363	挂式小便器安装	套	4.00	218.18	872.72	22.20	88.80
7	a10-1406	*DN*50 排水栓安装(带存水弯)	组	2.00	44.12	88.24	14.32	28.64
8	a10-1410	*DN*50 地漏安装	个	4.00	23.62	94.48	12.14	48.56
9	a10-1412	*DN*100 地漏安装	个	1.00	71.91	71.91	27.51	27.51
10	a10-323	*De*20PPR 塑料给水管热熔连接	m	20.78	13.88	288.43	8.74	181.62
11	a10-324	*De*25PPR 塑料给水管热熔连接	m	10.02	15.68	157.11	9.71	97.29
12	a10-325	*De*32PPR 塑料给水管热熔连接	m	6.70	17.66	118.32	10.49	70.28
13	a10-326	*De*40PPR 塑料给水管热熔连接	m	14.03	20.98	294.35	11.79	165.41
14	a10-328	*De*63PPR 塑料给水管热熔连接	m	7.31	33.02	241.38	14.99	109.58
15	a10-845	*DN*15 螺纹截止阀安装	个	4.00	14.87	59.48	7.47	29.88
16	a10-846	*DN*20 螺纹截止阀安装	个	4.00	17.32	69.28	8.27	33.08
17	a10-848	*DN*32 螺纹截止阀安装	个	3.00	26.87	80.61	11.60	34.80

续表

序号	定额号	工程项目名称	单位	工程量	单价（元）	合价（元）	定额人工费(元)	
							单价	合价
18	a10-850	DN50 螺纹截止阀安装	个	2.00	51.15	102.30	22.29	44.58
19	a10-1874	DN25 塑料套管制安	个	2.00	17.71	35.42	7.12	14.24
20	a10-1874	DN32 塑料套管制安	个	1.00	17.71	17.71	7.12	7.12
21	a10-1875	DN50 塑料套管制安	个	1.00	24.71	24.71	9.42	9.42
22	a10-1972	DN15 给水管道消毒、冲洗	m	24.88	0.41	10.20	0.30	7.46
23	a10-1973	DN20 给水管道消毒、冲洗	m	24.72	0.45	11.12	0.32	7.91
24	a10-1974	DN25 给水管道消毒、冲洗	m	12.76	0.49	6.25	0.35	4.47
25	a10-1975	DN32 给水管道消毒、冲洗	m	14.03	0.53	7.44	0.37	5.19
26	a10-1977	DN50 给水管道消毒、冲洗	m	7.31	0.63	4.61	0.42	3.07
27	a10-16	DN40 室内镀锌钢管螺纹连接	m	4.53	46.82	212.09	19.90	90.15
28	a10-17	DN50 室内镀锌钢管螺纹连接	m	0.66	51.22	33.81	21.36	14.10
29	a10-227	DN50 柔性铸铁排水管机械接口	m	12.22	62.46	763.26	15.59	190.51
30	a10-229	DN100 柔性铸铁排水管机械接口	m	27.71	176.96	4903.56	24.07	666.98
31	a10-1847	DN15 成品管卡安装	个	18.00	2.70	48.60	0.92	16.56
32	a10-1847	DN20 成品管卡安装	个	6.00	2.70	16.20	0.92	5.52
33	a10-1848	DN25 成品管卡安装	个	2.00	3.35	6.70	0.92	1.84
34	a10-1848	DN32 成品管卡安装	个	4.00	3.35	13.40	0.92	3.68
35	a10-1837	管道支架制作	kg	28.55	11.02	314.62	4.52	129.05
36	a10-1842	管道支架安装	kg	28.55	5.51	157.31	2.43	69.38
37	a10-2013	混凝土楼板预留孔洞 DN25	个	2.00	5.49	10.98	3.46	6.92
38	a10-2013	混凝土楼板预留孔洞 DN32	个	1.00	5.49	5.49	3.46	3.46
39	a10-2013	混凝土楼板预留孔洞 DN50	个	1.00	5.49	5.49	3.46	3.46
40	a10-2016	混凝土楼板预留孔洞 DN100	个	3.00	8.22	24.66	4.75	14.25
41	a10-2024	混凝土墙体预留孔洞 DN20	个	2.00	8.18	16.36	4.42	8.84
42	a10-2027	混凝土墙体预留孔洞 DN100	个	2.00	11.76	23.52	6.03	12.06
		十册小计				12162.44		2803.62
43	a12-1	手工除管道轻锈	m^2	11.88	4.99	59.28	3.48	41.34
44	a12-176	铸铁管刷防锈漆 一遍	m^2	9.54	5.21	49.70	3.39	32.34
45	a12-178	铸铁管刷银粉漆 第一遍	m^2	9.54	5.15	49.13	3.27	31.20
46	a12-179	铸铁管刷银粉漆 增一遍	m^2	9.54	4.93	47.03	3.17	30.24
47	a12-180	铸铁管刷沥青漆 第一遍	m^2	2.34	7.46	17.46	3.69	8.63
48	a12-181	铸铁管刷沥青漆 增一遍	m^2	2.34	7.18	16.80	3.59	8.40
49	a12-5	一般钢结构手工除轻锈	kg	28.55	0.59	16.84	0.35	9.99
50	a12-107	一般钢结构刷红丹防锈漆 第一遍	kg	22.68	0.46	10.43	0.24	5.44

续表

序号	定额号	工程项目名称	单位	工程量	单价（元）	合价（元）	定额人工费(元)	
							单价	合价
51	a12-112	一般钢结构刷银粉漆　第一遍	kg	22.68	0.34	7.71	0.22	4.99
52	a12-113	一般钢结构刷银粉漆　增一遍	kg	22.68	0.33	7.48	0.22	4.99
53	a12-107	一般钢结构刷红丹防锈漆 第一遍	kg	5.87	0.46	2.70	0.24	1.41
54	a12-108	一般钢结构刷红丹防锈漆 增一遍	kg	5.87	0.44	2.58	0.23	1.35
		十二册刷油、防腐小计				287.16		180.33
55	a12-1027	管道（*DN*50mm 以下）橡塑管壳安装	m^3	0.09	921.50	82.94	617.76	55.60
56	a12-1066	管道玻璃丝布保护层安装	m^2	2.83	6.57	18.59	3.94	11.15
		十二册绝热小计				101.53		66.75
		单价措施项目				179.57		55.82
57	a10-f1	脚手架搭拆费	%	5.00		157.84		49.06
58	a12-f1	脚手架搭拆费(刷油防腐)	%	7.00		14.21		4.42
59	a12-f2	脚手架搭拆费(绝热)	%	10.00		7.52		2.34
合计						12730.70		3106.52

表 1-2 中单价措施项目费，如第十册定额脚手架搭拆费，计算方法如下：

脚手架搭拆费中人工费＝第十册定额人工费合计×5%×35%

＝2803.62×5%×35%

＝49.06 元

材料费＋机械费＝第十册定额人工费合计×5%×65%

＝2803.62×5%×65%

＝91.12 元

管理费＝脚手架搭拆费中人工费×20% ＝49.06×20%＝9.81 元

利润＝脚手架搭拆费中人工费×16% ＝49.06×16%＝7.85 元

脚手架搭拆费＝人工费＋材料费＋机械费＋管理费＋利润

＝49.06＋91.12＋9.81＋7.85

＝157.84 元

表 1-2 中第十二册定额脚手架搭拆费的计算方法同第十册定额脚手架搭拆费。

1.3.3 计算总价措施项目费

1. 总价措施项目计价分析

总价措施项目费＝∑(人工费＋材料费＋机械费＋管理费＋利润)

其中：人工费＝(分部分项工程费中人工费＋单价措施项目费中人工费)×总价措施项目费费率×25%

材料费＋机械费＝(分部分项工程费中人工费＋单价措施项目费中人工费)×总价措施项目费费率×75%

管理费＝总价措施项目费中人工费×管理费费率

利润=总价措施项目费中人工费×利润率

本预算中总价措施项目费费率、管理费费率、利润率均查2017年《内蒙古自治区建设工程费用定额》。依据2017年《内蒙古自治区建设工程费用定额》和计价办法，分析计算总价措施项目费中各项费用，计算结果见总价措施项目计价分析表（表1-3）。

总价措施项目计价分析表　　表1-3

工程名称：某室内给水排水工程

序号	项目名称	费率（%）	人工费（元）	材料费机械费（元）	管理费（元）	利润（元）	合价（元）
1	安全文明施工费	3	23.30	69.90	4.66	3.72	101.58
1.1	安全文明施工与环境保护费	2	15.53	46.60	3.11	2.48	67.72
1.2	临时设施费	1	7.77	23.30	1.55	1.24	33.86
2	雨季施工增加费	0.5	3.88	11.65	0.78	0.62	16.93
3	已完工程及设备保护费	0.8	6.21	18.64	1.24	0.99	27.08
4	二次搬运费	0.01	0.08	0.23	0.02	0.01	0.34
合　计			33.47				145.93

例如，表1-3总价措施项目计价分析表中安全文明施工与环境保护费计算方法如下：

人工费=(分部分项工程费中人工费+单价措施项目费中人工费)×安全文明施工与环境保护费费率×25%
=3106.52×2%×25%
=15.53元

材料费+机械费=(分部分项工程费中人工费+单价措施项目费中人工费)×安全文明施工与环境保护费费率×75%
=3106.52×2%×75%
=46.60元

管理费=安全文明施工与环境保护费中人工费×管理费费率
=15.53×20%
=3.11元

利润=安全文明施工与环境保护费中人工费×利润率
=15.53×16%
=2.48元

安全文明施工与环境保护费=人工费+材料费+机械费+管理费+利润
=15.53+46.60+3.11+2.48
=67.72元

2. 计算总价措施项目费

将总价措施项目费分析表 1-3 中各项合计填入总价措施项目计价表 1-4 中。

总价措施项目计价表　　表 1-4

工程名称：某室内给水排水工程

序号	项目名称	计算基础	费率(%)	金额(元)
1	安全文明施工费	定额人工费	3	101.58
1.1	安全文明施工与环境保护费	定额人工费	2	67.72
1.2	临时设施费	定额人工费	1	33.86
2	雨季施工增加费	定额人工费	0.5	16.93
3	已完工程及设备保护费	定额人工费	0.8	27.08
4	二次搬运费	定额人工费	0.01	0.34
合　计				145.93

1.3.4 计算材差（材料价差）、未计价主材费

1. 计算材差

材差＝材料的定额用量×(市场价－定额价)

材料的定额用量＝材料的工程量×(1＋损耗率)

本预算中材料市场价按 2020 年《呼和浩特市工程造价信息》第 5 期材料价格计取，调整后的材差见表 1-5。

材料价差调整表　　表 1-5

工程名称：某室内给水排水工程

编号	名称	单位	数量	定额价(元)	市场价(元)	价差(元)	价差合计(元)
01000101	型钢(综合)	kg	29.98	2.70	3.51	0.81	24.28
17010166	焊接钢管综合	kg	1.22	2.32	3.91	1.59	1.94
17030117	镀锌钢管 *DN*40	m	4.54	14.66	10.98	−3.68	−16.71
34110103	电	kW·h	10.10	0.58	0.61	0.03	0.30
34110117	水	m^3	1.11	5.27	5.46	0.19	0.21
14030106-j	柴油	kg	3.33	6.39	5.40	−0.99	−3.30
34110103-j	电	kW·h	129.30	0.58	0.61	0.03	3.88
合　计							10.61

2. 计算未计价主材费

未计价主材费＝主材的定额用量×市场价

主材的定额用量＝主材的工程量×(1＋损耗率)

本预算中市场价按 2020 年《呼和浩特市工程造价信息》第 5 期材料价格计取，未计价主材费计算结果见表 1-6。

单位工程未计价主材费表　　表 1-6

工程名称：某室内给水排水工程

序号	工、料、机名称	单位	数量	定额价(元)	合价(元)
3.1	水嘴 *DN*20	个	2.020	27.790	56.14
3.2	橡塑管壳	m^3	0.093	568.000	52.82

续表

序号	工、料、机名称	单位	数量	定额价(元)	合价(元)
3.3	柔性铸铁排水管 *DN*50	m	11.951	16.680	199.34
3.4	柔性铸铁排水管 *DN*100	m	25.078	29.820	747.83
3.5	塑料给水管 *De*63PPR 管	m	7.427	174.970	1299.50
3.6	塑料给水管 *De*40PPR 管	m	14.254	68.920	982.39
3.7	塑料给水管 *De*20PPR 管	m	21.112	20.890	441.03
3.8	塑料给水管 *De*25PPR 管	m	10.180	28.110	286.16
3.9	塑料给水管 *De*32PPR 管	m	6.807	45.930	312.65
3.10	螺纹阀门 *DN*15 截止阀	个	4.040	10.650	43.03
3.11	螺纹阀门 *DN*20 截止阀	个	4.040	12.420	50.18
3.12	螺纹阀门 *DN*32 截止阀	个	3.030	26.620	80.66
3.13	螺纹阀门 *DN*50 截止阀	个	2.020	48.810	98.60
合　计					4650.31

1.3.5 计算规费、税金

1. 计算规费

规费=(分部分项工程费中人工费+单价措施项目费中人工费+总价措施项目费中人工费)×规费费率

式中：规费费率按现行有关工程造价文件规定及2017年《内蒙古自治区建设工程费用定额》计取。

规费计算结果见表1-7单位工程取费表。

2. 计算税金

税金=(分部分项工程费+措施项目费+其他项目费+规费)×税率

税金计算结果见表1-7单位工程取费表。

表1-7中其他项目费（材料检验试验费）计算如下：

材料检验试验费=2000×3×8%=480元

单位工程取费表 **表1-7**

工程名称：某室内给水排水工程

序号	项目名称	计算公式或说明	费率(%)	金额
1	分部分项及单价措施项目	按规定计算		12730.70
1.1	其中:人工费			3106.52
2	总价措施项目			145.93
2.1	其中:人工费			33.47
3	其他项目费	按费用定额规定计算		480.00
3.1	检验试验费	按费用定额规定计算		480.00
4	价差调整及主材	以下分项合计		4660.92
4.1	其中:单项材料调整	详见材料价差调整表		10.61
4.2	其中:未计价主材费	定额未计价材料		4650.31

续表

序号	项目名称	计算公式或说明	费率(%)	金额
5	规费	(分部分项及单价措施项目费中人工费＋总价措施项目中人工费)×费率	19	596.60
6	税金	(1＋2＋3＋4＋5)×税率	9	1675.27
7	工程造价	1＋2＋3＋4＋5＋6		20289.43

1.3.6 计算工程造价

工程造价＝分部分项及单价措施项目费＋总价措施项目费＋其他项目费＋价差调整及主材＋规费＋税金

工程造价计算结果见表1-7。

1.3.7 填写编制说明

编制说明主要内容有工程概况、编制依据等。

本工程预算的编制说明见表1-8。

编制说明　　表1-8

工程名称：某室内给水排水工程

编制说明

1. 工程概况

本工程为新建地上三层办公楼，建筑面积为2000m^2，砖混结构。

2. 编制依据

(1)本工程工程量计算依据室内给水排水工程施工图；

(2)本工程预算编制依据内蒙古自治区建设行政主管部门颁发的2017年《内蒙古自治区通用安装工程预算定额》：第十册《给排水、采暖、燃气工程》、第十二册《刷油、防腐蚀、绝热工程》；

(3)本工程各项工程费用计取依据内蒙古自治区建设行政主管部门颁发的2017年《内蒙古自治区建设工程费用定额》及现行有关工程造价文件；

(4)本工程主要材料价格采用2020年《呼和浩特市工程造价信息》第5期发布的有关信息价。

1.3.8　填写封面

封面按格式要求填写、盖章，见表1-9。

封面　　表1-9

工程名称：某室内给水排水工程

工 程 预 算 书

工程名称：某室内给水排水工程

建设单位：

施工单位：

工程造价：20289元

造价大写：贰万零贰佰捌拾玖元整

资格证章：

编制日期：

1.3.9 装订

施工图预算按图 1-4 的顺序装订。

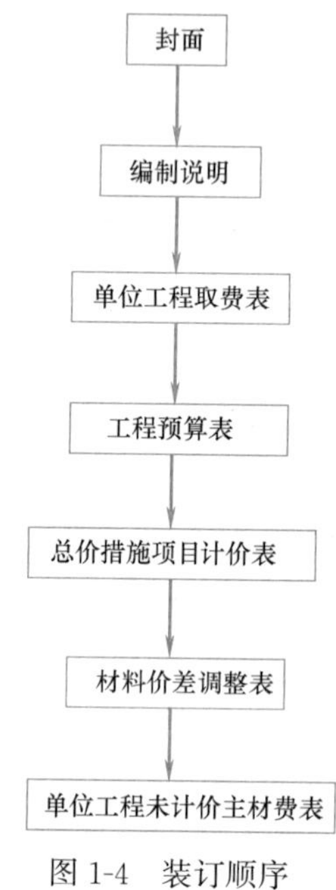

图 1-4 装订顺序

任务 2 招标工程量清单编制

以室内生活给水排水工程施工图 1-1、图 1-2、图 1-3 为例，编制招标工程量清单。

2.1 实训目的

通过本次实训任务，培养学生具备如下能力：

（1）能识读室内给水排水工程施工图；

（2）能根据《通用安装工程工程量计算规范》GB 50856—2013 中工程量计算规则计算室内给水排水工程分部分项工程量；

（3）能正确编制室内给水排水工程分部分项工程量清单；

（4）能正确编制室内给水排水工程措施项目清单；

（5）能正确编制室内给水排水工程其他项目清单；

（6）能正确编制室内给水排水工程规费与税金项目清单。

2.2 实训内容

（1）计算清单工程量；

（2）编制分部分项工程和单价措施项目清单；

（3）编制总价措施项目清单；

（4）编制其他项目清单；

（5）编制规费与税金项目清单。

2.3 实训步骤与指导

2.3.1 计算清单工程量

清单工程量根据室内给水排水工程施工图1-1～图1-3，依据《通用安装工程工程量计算规范》GB 50856—2013中工程量计算规则计算。

本室内给水排水工程分部分项清单工程量计算方法及结果同表1-1，清单工程量计算书见表1-10。

清单工程量计算书 **表1-10**

工程称：某室内给水排水工程

序号	项目名称	单位	工程量计算公式	工程量
1	洗脸盆			
	冷水洗脸盆	组	同表1-1	2
	冷热水洗脸盆	组	同表1-1	1
2	冷热水淋浴器	套	同表1-1	4
3	*DN*20水龙头	个	同表1-1	2
4	高水箱蹲式大便器	组	同表1-1	6
5	挂式小便器	组	同表1-1	4
6	*DN*50带存水弯排水栓	组	同表1-1	2
7	地漏			
	*DN*50地漏	个	同表1-1	4
	*DN*100地漏	个	同表1-1	1
8	PPR给水管			
	*De*20PPR管	m	同表1-1	20.78
	*De*25PPR管	m	9.72(明装管长)+0.3(暗装管长)	10.02
	*De*32PPR管	m	同表1-1	6.70
	*De*40PPR管	m	7.92(明装管长)+6.11(暗装管长)	14.03
	*De*63PPR管	m	0.90(明装管长)+6.41(暗装管长)	7.31
9	阀门			
	*DN*15截止阀	个	同表1-1	4
	*DN*20截止阀	个	同表1-1	4
	*DN*32截止阀	个	同表1-1	3
	*DN*50截止阀	个	同表1-1	2
10	穿楼板塑料套管			
	*DN*25套管	个	同表1-1	2
	*DN*32套管	个	同表1-1	1
	*DN*50套管	个	同表1-1	1

续表

序号	项目名称	单位	工程量计算公式	工程量
11	排水管			
	*DN*40 镀锌管	m	同表 1-1	4.53
	*DN*50 镀锌管	m	同表 1-1	0.66
	*DN*50 铸铁管	m	11.02(明装管长)+1.2(暗装管长)	12.22
	*DN*100 铸铁管	m	21.60(明装管长)+6.11(暗装管长)	27.71
12	支架制作安装重量	kg	5.87(明装支架重量)+22.68(暗装支架重量)	28.55
13	支架除锈刷油重量			
	明装支架除锈刷油	kg	同表 1-1	22.68
	暗装支架除锈刷油	kg	同表 1-1	5.87
14	铸铁管除锈刷油面积			
	明装铸铁管除锈刷油面积	m^2	同表 1-1	9.54
	暗装铸铁管除锈刷油面积	m^2	同表 1-1	2.34
15	保温层体积	m^3	同表 1-1	0.09
16	保护层面积	m^2	同表 1-1	2.83
17	楼板预留孔洞			
	*DN*25	个	同表 1-1	2
	*DN*32	个	同表 1-1	1
	*DN*50	个	同表 1-1	1
	*DN*100	个	同表 1-1	3
18	墙体预留孔洞			
	*DN*20	个	同表 1-1	2
	*DN*100	个	同表 1-1	2

2.3.2 编制分部分项工程和单价措施项目清单

分部分项工程和单价措施项目清单依据《建设工程工程量清单计价规范》GB 50500—2013 和《通用安装工程工程量计算规范》GB 50856—2013 有关规定及相关的标准、规范等编制。分部分项工程和单价措施项目清单中各项按如下规则填写：

(1) 项目编码填写

项目编码应采用 12 位阿拉伯数字，前 9 位按照《通用安装工程工程量计算规范》GB 50856—2013 附录中规定的设置，后 3 位根据拟建工程的工程量清单项目名称和项目特征设置。

(2) 项目名称填写

项目名称按照《通用安装工程工程量计算规范》GB 50856—2013 附录中的项目名称，结合拟建工程的实际确定。

(3) 项目特征描述

项目特征按照《通用安装工程工程量计算规范》GB 50856—2013 附录中规定

的项目特征、工作内容，结合拟建工程实际描述。

(4) 计量单位填写

计量单位按照《通用安装工程工程量计算规范》GB 50856—2013 附录中规定的计量单位填写。

(5) 工程量计算

工程量按照《通用安装工程工程量计算规范》GB 50856—2013 附录中规定的工程量计算规则计算。

本室内给水排水工程分部分项工程和单价措施项目清单见表 1-11。

分部分项工程和单价措施项目清单与计价表 表 1-11

工程名称：某室内给水排水工程

序号	项目编号	项目名称	项目特征描述	计量单位	工程量	金额(元)	
						综合单价	合价
		分部分项工程					
1	031004003001	洗脸盆	1. 规格:冷水洗脸盆; 2. 组装形式:成套挂墙式; 3. 附件名称、数量:*DN*15 水嘴 1 个、*DN*15 金属软管 1 根、排水附件 1 套	组	2.00		
2	031004003002	洗脸盆	1. 规格:冷热水洗脸盆; 2. 组装形式:成套挂墙式; 3. 附件名称、数量:*DN*15 水嘴 2 个、*DN*15 金属软管 2 根、排水附件 1 套	组	1.00		
3	031004010001	淋浴器	1. 规格:冷热水淋浴器; 2. 组装形式:成套安装; 3. 附件名称、数量:*De*25PPR 管 2.5m、*DN*15 螺纹截止阀 2 个、喷头 1 个	套	4.00		
4	031004006001	大便器	1. 规格:瓷高水箱蹲式大便器; 2. 组装形式:成套安装; 3. 附件名称、数量:*DN*100 大便器存水弯 1 个、*DN*32 冲洗管 1 根、*DN*15 金属软管 1 根	组	6.00		
5	031004007001	小便器	1. 规格:壁挂式小便器,手动开关; 2. 组装形式:成套安装; 3. 附件名称、数量:*DN*15 小便器冲洗管 1 根、排水附件 1 套、*DN*15 金属软管 1 根、*DN*15 截止阀 1 个	组	4.00		
6	031004014001	水龙头	1. 规格:*DN*20 水嘴; 2. 安装方式:热熔	个	2.00		

续表

序号	项目编号	项目名称	项目特征描述	计量单位	工程量	金额(元)	
						综合单价	合价
7	031004014002	排水栓	1. 材质:钢制; 2. 规格:*DN*50; 3. 安装方式:带存水弯排水栓安装	组	2.00		
8	031004014003	地漏	1. 材质:塑料; 2. 规格:*DN*50	个	4.00		
9	031004014004	地漏	1. 材质:塑料; 2. 规格:*DN*100	个	1.00		
10	031001006001	塑料管	1. 安装部位:室内; 2. 介质:给水; 3. 材质、规格:*De*20PPR管; 4. 连接形式:热熔; 5. 压力试验及吹、洗设计要求:水压试验、消毒冲洗; 6. 塑料管卡安装	m	20.78		
11	031001006002	塑料管	1. 安装部位:室内; 2. 介质:给水; 3. 材质、规格:*De*25PPR管; 4. 连接形式:热熔; 5. 压力试验及吹、洗设计要求:水压试验、消毒冲洗; 6. 塑料管卡安装	m	10.02		
12	031001006003	塑料管	1. 安装部位:室内; 2. 介质:给水; 3. 材质、规格:*De*32PPR管; 4. 连接形式:热熔; 5. 压力试验及吹、洗设计要求:水压试验、消毒冲洗; 6. 塑料管卡安装	m	6.70		
13	031001006004	塑料管	1. 安装部位:室内; 2. 介质:给水; 3. 材质、规格:*De*40PPR管; 4. 连接形式:热熔; 5. 压力试验及吹、洗设计要求:水压试验、消毒冲洗; 6. 塑料管卡安装	m	14.03		
14	031001006005	塑料管	1. 安装部位:室内; 2. 介质:给水; 3. 材质、规格:*De*63PPR管; 4. 连接形式:热熔; 5. 压力试验及吹、洗设计要求:水压试验、消毒冲洗	m	7.31		
15	031003001001	螺纹阀门	1. 类型:截止阀; 2. 规格、压力等级:*DN*15、16MPa; 3. 连接形式:螺纹连接	个	4.00		

续表

序号	项目编号	项目名称	项目特征描述	计量单位	工程量	金额(元)	
						综合单价	合价
16	031003001002	螺纹阀门	1. 类型:截止阀; 2. 规格、压力等级:DN20、16MPa; 3. 连接形式:螺纹连接	个	4.00		
17	031003001003	螺纹阀门	1. 类型:截止阀; 2. 规格、压力等级:DN32、16MPa; 3. 连接形式:螺纹连接	个	3.00		
18	031003001004	螺纹阀门	1. 类型:截止阀; 3. 规格、压力等级:DN50、16MPa; 4. 连接形式:螺纹连接	个	2.00		
19	031002003001	套管	1. 名称、类型:穿楼板套管; 2. 材质:塑料; 3. 规格:DN25	个	2.00		
20	031002003002	套管	1. 名称、类型:穿楼板套管; 2. 材质:塑料; 3. 规格:DN32	个	1.00		
21	031002003003	套管	1. 名称、类型:穿楼板套管; 2. 材质:塑料; 3. 规格:DN50	个	1.00		
22	031001001001	镀锌钢管	1. 安装部位:室内; 2. 介质:排水; 3. 规格:DN40、无压; 4. 连接形式:螺纹连接	m	4.53		
23	031001001002	镀锌钢管	1. 安装部位:室内; 2. 介质:排水; 3. 规格:DN50、无压; 4. 连接形式:螺纹连接	m	0.66		
24	031001005001	铸铁管	1. 安装部位:室内; 2. 介质:排水; 3. 规格:DN50; 4. 连接形式:承插; 5. 接口材料:胶圈; 6. 试验要求:灌水试验	m	12.22		
25	031001005002	铸铁管	1. 安装部位:室内; 2. 介质:排水; 3. 规格:DN100; 4. 连接形式:承插; 5. 接口材料:胶圈; 6. 试验要求:灌水试验	m	27.71		
26	031002001005	管道支架	1. 材质:型钢; 2. 管架形式:制作与安装	kg	28.55		

续表

序号	项目编号	项目名称	项目特征描述	计量单位	工程量	金额(元)	
						综合单价	合价
27	031201004001	铸铁管刷油	1. 除锈级别:轻锈; 2. 油漆品种:防锈漆、银粉漆; 3. 涂刷遍数:防锈漆1遍、银粉漆2遍	m^2	9.54		
28	031201004002	铸铁管刷油	1. 除锈级别:轻锈; 2. 油漆品种:沥青漆; 3. 涂刷遍数:2遍	m^2	2.34		
29	031201003001	支架刷油	1. 除锈级别:轻锈; 2. 涂刷品种、遍数:防锈漆1遍、银粉漆2遍; 3. 结构类型:一般钢结构	kg	22.68		
30	031201003002	支架刷油	1. 除锈级别:轻锈; 2. 涂刷品种、遍数:防锈漆2遍; 3. 结构类型:一般钢结构	kg	5.87		
31	031208002001	管道保温	1. 绝热材料品种:橡塑管壳; 2. 绝热厚度:50mm; 3. 管道外径:40mm	m^3	0.09		
32	031208007001	保护层	1. 材料:玻璃丝布; 2. 层数:一层; 3. 对象:管道	m^2	2.83		
33	03B001	预留孔洞	1. 名称:预留楼板孔洞; 2. 规格:*DN*25	个	2.000		
34	03B002	预留孔洞	1. 名称:预留楼板孔洞; 2. 规格:*DN*32	个	1.000		
35	03B003	预留孔洞	1. 名称:预留楼板孔洞; 2. 规格:*DN*50	个	1.000		
36	03B004	预留孔洞	1. 名称:预留楼板孔洞; 2. 规格:*DN*100	个	3.000		
37	03B005	预留孔洞	1. 名称:预留墙体孔洞; 2. 规格:*DN*20	个	2.000		
38	03B006	预留孔洞	1. 名称:预留墙体孔洞; 2. 规格:*DN*100	个	2.000		
		单价措施项目					
39	031301017001	脚手架搭拆	第十册脚手架搭拆	项	1.00		
40	031301017002	脚手架搭拆	第十二册刷油、防腐蚀脚手架搭拆	项	1.00		
41	031301017003	脚手架搭拆	第十二册绝热脚手架搭拆	项	1.00		

2.3.3 编制总价措施项目清单

总价措施项目清单依据《建设工程工程量清单计价规范》GB 50500—2013 和《通用安装工程工程量计算规范》GB 50856—2013 有关规定及施工现场情况、工程特点、常规施工方案等编制，见表 1-12。

总价措施项目清单与计价表 表 1-12

工程名称：某室内给水排水工程

序号	项目编码	项目名称	计算基础	费率（%）	金额（元）
1	041109001001	安全文明施工费			
1.1		安全文明施工与环境保护费			
1.2		临时设施费			
2	041109004001	雨季施工增加费			
3	041109007001	已完工程及设备保护费			
4	041109003001	二次搬运费			

2.3.4 编制其他项目清单

其他项目清单依据《建设工程工程量清单计价规范》GB 50500—2013 相关规定及国家、省级、行业建设主管部门颁发的计价依据和办法编制。

本室内给水排水工程其他项目清单依据《建设工程工程量清单计价规范》GB 50500—2013 和 2017 年《内蒙古自治区建设工程费用定额》编制，结果见表 1-13。

其他项目清单与计价表 表 1-13

工程名称：某室内给水排水工程

序号	项目名称	计量单位	金额(元)	备注
1	检验试验费	项		
合计				—

2.3.5 编制规费、税金项目清单

规费、税金项目清单依据《建设工程工程量清单计价规范》GB 50500—2013 相关规定及国家相关法律、法规编制。本室内给水排水工程规费、税金项目清单见表 1-14。

规费、税金项目清单与计价表 表 1-14

工程名称：某室内给水排水工程

序号	项目名称	计算基础	费率(%)	金额(元)
1	规费	按费用定额规定计算		
1.1	社会保险费	按费用定额规定计算		
1.1.1	基本医疗保险	人工费×费率		
1.1.2	工伤保险	人工费×费率		

续表

序号	项目名称	计算基础	费率(%)	金额(元)
1.1.3	生育保险	人工费×费率		
1.1.4	养老失业保险	人工费×费率		
1.2	住房公积金	人工费×费率		
1.3	水利建设基金	人工费×费率		
1.4	环保税	按实计取		
2	税金	税前工程造价×税率		

2.3.6 填写总说明

总说明主要填写工程概况、招标范围及工程量清单编制的依据及有关问题说明。

本室内给水排水工程工程量清单总说明见表 1-15。

总说明 表 1-15

工程名称：某室内给水排水工程

总说明

1. 工程概况：本工程为新建地上三层办公楼，建筑面积为 2000m^2，砖混结构。

2. 本次招标范围：办公楼给水排水工程。

3. 工程量清单编制依据

(1)《建设工程工程量清单计价规范》GB 50500—2013 和《通用安装工程工程量计算规范》GB 50856—2013；

(2)内蒙古自治区建设行政主管部门 2017 年颁发的《内蒙古自治区通用安装工程预算定额》：第十册《给排水、采暖、燃气工程》、第十二册《刷油、防腐蚀、绝热工程》；

(3)内蒙古自治区建设行政主管部门 2017 年颁发的《内蒙古自治区建设工程费用定额》及现行的有关工程造价文件；

(4)2020 年《呼和浩特市工程造价信息》第 5 期发布的材料价格；

(5)该室内给水排水工程施工图纸；

(6)该室内给水排水工程招标文件；

(7)施工现场情况、工程特点及常规施工方案。

2.3.7 填写扉页

工程量清单扉页采用《建设工程工程量清单计价规范》GB 50500—2013 中的统一格式，扉页必须按要求填写，并签字、盖章。本室内给水排水工程招标工程量清单扉页见表 1-16。

招标工程量清单扉页　　表 1-16

工程名称：某室内给水排水工程

<u>某室内给水排水</u>工程

招标工程量清单

招　标　人：＿＿＿＿＿＿＿＿ （单位盖章）	造价咨询人：＿＿＿＿＿＿＿＿ （单位资质专用章）
法定代表人 或其授权人：＿＿＿＿＿＿＿＿ （签字或盖章）	法定代表人 或其授权人：＿＿＿＿＿＿＿＿ （签字或盖章）
编 制 人：＿＿＿＿＿＿＿＿ （造价人员签字盖专用章）	复 核 人：＿＿＿＿＿＿＿＿ （造价工程师签字盖专用章）
编制时间：　年　月　日	复核时间：　年　月　日

2.3.8 填写封面

招标工程量清单封面采用《建设工程工程量清单计价规范》GB 50500—2013中的统一格式，封面必须按要求填写，并签字、盖章。本室内给水排水工程招标工程量清单封面见表 1-17。

招标工程量清单封面 表 1-17

工程名称：某室内给水排水工程

某室内给水排水 工程

招标工程量清单

招　标　人：________________

（单位盖章）

造价咨询人：________________

（单位资质专用章）

年　月　日

2.3.9　装订

招标工程量清单按图 1-5 的顺序装订。

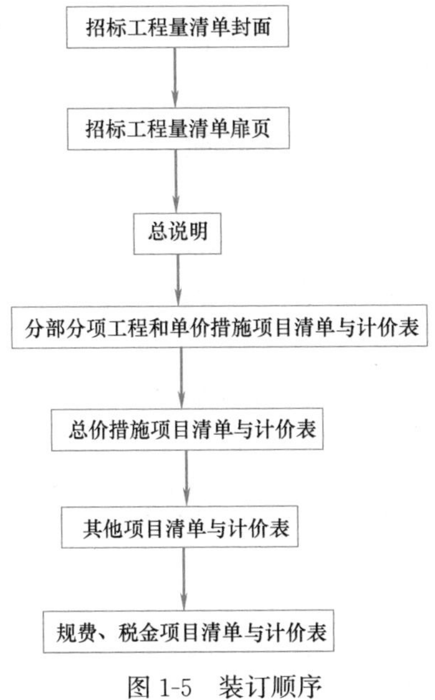

图 1-5　装订顺序

任务3　招标控制价编制

编制室内给水排水工程施工图 1-1～图 1-3 的招标控制价。

3.1　实训目的

通过本次实训任务训练，使学生具备如下能力：

（1）能识读室内给水排水工程施工图；

（2）能根据《通用安装工程工程量计算规范》GB 50856—2013 中的工程量计算规则计算室内给水排水工程计价工程量；

（3）能正确计算室内给水排水工程分部分项工程费；

（4）能正确计算室内给水排水工程措施项目费；

（5）能正确计算室内给水排水工程其他项目费；

（6）能正确计算室内给水排水工程规费与税金；

（7）能正确计算室内给水排水工程招标控制价。

3.2　实训内容

（1）计算计价工程量；

（2）计算分部分项工程和单价措施项目综合单价；

（3）计算分部分项工程费和单价措施项目费；

（4）计算总价措施项目费；

（5）计算其他项目费；
（6）计算规费与税金；
（7）计算招标控制价。

3.3 实训步骤与指导

3.3.1 计算分部分项工程和单价措施项目费

1. 计算每个清单的计价工程量

清单的计价工程量按照《通用安装工程工程量计算规范》GB 50856—2013 规定的计算规则计算。本室内给水排水工程根据施工图计算每个清单的计价工程量，计算方法同表 1-10，计算结果见表 1-18。

计价工程量计算书 表 1-18

工程名称：某室内给排水工程

项目编码	项目名称	单位	工程量计算公式	工程量
031004003001	洗脸盆	组		2
	冷水洗脸盆	组	同表 1-10	2
031004003002	洗脸盆	组		1
	冷热水洗脸盆	组	同表 1-10	1
031004010001	淋浴器	套		4
	冷热水淋浴器	套	同表 1-10	4
031004006001	大便器	套		6
	高水箱蹲式大便器	套	同表 1-10	6
031004007001	小便器	套		4
	挂式小便器	套	同表 1-10	4
031004014001	水龙头	个		2
	*DN*20 水龙头	个	同表 1-10	2
031004014002	排水栓	组		2
	*DN*50 带存水弯排水栓	组	同表 1-10	2
031004014003	地漏	个		4
	*DN*50 地漏	个	同表 1-10	4
031004014004	地漏	个	同表 1-10	1
	*DN*100 地漏	个	同表 1-10	1
031001006001	*De*20PPR 管	m		20.78
	*De*20PPR 管	m	同表 1-10	20.78
	*De*20PPR 管消毒、冲洗	m	同表 1-10	24.88
	*DN*15 管卡	个	同表 1-10	18
031001006002	*De*25PPR 管	m		10.02
	*De*25PPR 管	m	同表 1-10	10.02
	*De*25PPR 管消毒、冲洗	m	同表 1-10	24.72

续表

项目编码	项目名称	单位	工程量计算公式	工程量
	*DN*20 管卡	个	同表 1-10	6
031001006003	*De*32PPR 管	m		6.70
	*De*32PPR 管	m	同表 1-10	6.70
	*De*32PPR 管消毒、冲洗	m	同表 1-10	12.76
	*DN*25 管卡	个	同表 1-10	2
031001006004	*De*40PPR 管	m		14.03
	*De*40PPR 管	m	同表 1-10	14.03
	*De*40PPR 管消毒、冲洗	m	同表 1-10	14.03
	*DN*32 管卡	个	同表 1-10	4
031001006005	*De*63PPR 管	m		7.31
	*De*63PPR 管	m	同表 1-10	7.31
	*De*63PPR 管消毒、冲洗	m	同表 1-10	7.31
031003001001	截止阀	个		4
	*DN*15 截止阀	个	同表 1-10	4
031003001002	截止阀	个		4
	*DN*20 截止阀	个	同表 1-10	4
031003001003	截止阀	个		3
	*DN*32 截止阀	个	同表 1-10	3
031003001004	截止阀	个		2
	*DN*50 截止阀	个	同表 1-10	2
031002003001	套管	个		2
	*DN*25 套管	个	同表 1-10	2
031002003002	套管	个		1
	*DN*32 套管	个	同表 1-10	1
031002003003	套管	个		1
	*DN*50 套管	个	同表 1-10	1
031001001001	镀锌钢管	m		4.53
	*DN*40 镀锌钢管	m	同表 1-10	4.53
031001001002	镀锌管	m		0.66
	*DN*50 镀锌钢管	m	同表 1-10	0.66
031001005001	铸铁管	m		12.22
	*DN*50 铸铁管	m	同表 1-10	12.22
031001005002	铸铁管	m		27.71
	*DN*100 铸铁管	m	同表 1-10	27.71
031002001005	管道支架	kg		28.55
	管道支架安装	kg	同表 1-10	28.55

续表

项目编码	项目名称	单位	工程量计算公式	工程量
	管道支架制作	kg	同表 1-10	28.55
031201004001	铸铁管刷油	m^2		9.54
	铸铁管除轻锈	m^2	同表 1-10	9.54
	铸铁管刷防锈漆 1 遍	m^2	同表 1-10	9.54
	铸铁管刷银粉漆 2 遍	m^2	同表 1-10	9.54
031201004002	铸铁管刷油	m^2		2.34
	铸铁管除轻锈	m^2	同表 1-10	2.34
	铸铁管刷沥青漆 2 遍	m^2	同表 1-10	2.34
031201003001	支架刷油	kg		22.68
	支架除轻锈	kg	同表 1-10	22.68
	支架刷防锈漆 1 遍	kg	同表 1-10	22.68
	支架刷银粉漆 2 遍	kg	同表 1-10	22.68
031201003002	支架刷油	kg		5.87
	支架除轻锈	kg	同表 1-10	5.87
	支架刷防锈漆 2 遍	kg	同表 1-10	5.87
031208002001	管道保温层	m^3		0.09
	管道保温层	m^3	同表 1-10	0.09
031208007001	保护层	m^2		2.83
	保护层	m^2	同表 1-10	2.83
03B001	楼板预留孔洞	个		2
	*DN*25 楼板预留孔洞	个	同表 1-10	2
03B002	楼板预留孔洞	个		1
	*DN*32 楼板预留孔洞	个	同表 1-10	1
03B003	楼板预留孔洞	个		1
	*DN*50 楼板预留孔洞	个	同表 1-10	1
03B004	楼板预留孔洞	个		3
	*DN*100 楼板预留孔洞	个	同表 1-10	3
03B005	墙体预留孔洞	个		2
	*DN*20 墙体预留孔洞	个	同表 1-10	2
03B006	墙体预留孔洞	个		2
	*DN*100 墙体预留孔洞	个	同表 1-10	2

2. 计算综合单价

$$清单项目综合单价=\frac{人工费+机械费+材料费+管理费+利润}{清单项目工程量}$$

人工费=Σ(分部分项工程量清单工作内容工程量×相应项定额人工费)

机械费=Σ(分部分项工程量清单工作内容工程量×相应项定额机械费)

材料费=Σ(分部分项工程量清单工作内容工程量×相应项定额材料费)

管理费=Σ(分部分项工程量清单工作内容工程量×相应项定额管理费)

利润=Σ(分部分项工程量清单工作内容工程量×相应项定额利润)

本工程综合单价中主要材料价格参照2020年《呼和浩特市工程造价信息》第5期材料价格，见表1-19。根据2017年《内蒙古自治区通用安装工程预算定额》分析综合单价，综合单价计算结果见1-20。

主要材料价格表 **表1-19**

工程名称：某室内给水排水工程

序号	名称	单位	单价
1	型钢(综合)	kg	3.51
2	焊接钢管综合	kg	3.91
3	镀锌钢管 *DN*40	m	10.98
4	电	kW·h	0.61
5	水	m^3	5.46
6	水嘴 *DN*20	个	27.79
7	橡塑管壳	m^3	568.00
8	柔性铸铁排水管 *DN*100	m	29.82
9	柔性铸铁排水管 *DN*50	m	16.68
10	塑料给水管 *De*32PPR管	m	45.93
11	塑料给水管 *De*25PPR管	m	28.11
12	塑料给水管 *De*20PPR管	m	20.89
13	塑料给水管 *De*40PPR管	m	68.92
14	塑料给水管 *De*63PPR管	m	174.97
15	螺纹阀门 *DN*32 截止阀	个	26.62
16	螺纹阀门 *DN*50 截止阀	个	48.81
17	螺纹阀门 *DN*15 截止阀	个	10.65
18	螺纹阀门 *DN*20 截止阀	个	12.42
19	柴油	kg	5.40
20	电	kW·h	0.61

表 1-20

分部分项工程和单价措施项目综合单价分析表

工程名称：某室内给水排水工程

序号	项目编码	子目名称	单位	工程量	综合单价组成（元）					金额(元)		
					人工费	材料费	机械费	管理费	利润	综合单价	合价	其中：人工费
1	031004003001	洗脸盆	组	2.000	35.31	120.65		7.06	5.65	168.67	337.34	70.62
	a10-1334	挂墙式洗脸盆成套安装 冷水 手动开关	组	2.000	35.31	120.65		7.06	5.65	168.67		
2	031004003002	洗脸盆	组	1.000	38.52	318.90		7.70	6.16	371.28	371.28	38.52
	a10-1337	挂墙式洗脸盆成套安装 冷热水	组	1.000	38.52	318.90		7.70	6.16	371.28		
3	031004010001	淋浴器	套	4.000	12.71	113.43		2.54	2.03	130.71	522.84	50.84
	a10-1378	成套淋浴器安装 手动开关 冷热水	套	4.000	12.71	113.43		2.54	2.03	130.71		
4	031004006001	大便器	组	6.000	63.94	198.53		12.79	10.23	285.49	1712.94	383.64
	a10-1353	蹲式大便器安装 瓷高水箱	套	6.000	63.94	198.53		12.79	10.23	285.49		
5	031004007001	小便器	组	4.000	22.20	188.00		4.44	3.55	218.19	872.76	88.80
	a10-1363	壁挂式小便器安装 手动开关	套	4.000	22.20	188.00		4.44	3.55	218.19		
6	031004014001	水龙头	个	2.000	2.17	28.12		0.43	0.35	31.07	62.14	4.34
	a10-1402	水龙头安装 公称直径(20mm)	个	2.000	2.17	28.12		0.43	0.35	31.07		
7	031004014002	排水栓	组	2.000	14.32	24.65		2.87	2.29	44.13	88.26	28.64
	a10-1406	排水栓安装(带存水弯) 公称直径(50mm 以内)	组	2.000	14.32	24.65		2.87	2.29	44.13		
8	031004014003	地漏	个	4.000	12.14	7.11		2.43	1.94	23.62	94.48	48.56
	a10-1410	地漏安装 公称直径(50mm 以内)	个	4.000	12.14	7.11		2.43	1.94	23.62		
9	031004014004	地漏	个	1.000	27.51	34.51		5.50	4.40	71.92	71.92	27.51
	a10-1412	地漏安装 公称直径(100mm 以内)	个	1.000	27.51	34.51		5.50	4.40	71.92		

续表

序号	项目编码	子目名称	单位	工程量	综合单价组成（元）					金额(元)		
					人工费	材料费	机械费	管理费	利润	综合单价	合价	其中：人工费
10	031001006001	塑料管	m	20.780	9.90	24.48	0.01	1.98	1.59	37.95	788.64	205.64
	a10-323	室内塑料给水管(热熔连接)安装 公称外径(20mm以内)	m	20.780	8.74	23.21	0.01	1.75	1.40			
	a10-1972	管道消毒、冲洗 公称直径(15mm以内)	m	24.880	0.30	0.01		0.06	0.05	0.42		
	a10-1847	成品管卡安装 公称直径15mm	个	18.000	0.92	1.45		0.18	0.15	2.70		
11	031001006002	塑料管	m	10.020	11.05	31.92	0.01	2.20	1.76	46.94	470.36	110.72
	a10-324	室内塑料给水管(热熔连接)安装 公称外径(25mm以内)	m	10.020	9.71	31.03	0.01	1.94	1.55	44.24		
	a10-1973	管道消毒、冲洗 公称直径(20mm以内)	m	24.720	0.32	0.01		0.06	0.05	0.44		
	a10-1847	成品管卡安装 公称直径20mm	个	6.000	0.92	1.45		0.18	0.15	2.70		
12	031001006003	塑料管	m	6.700	11.43	50.71	0.01	2.29	1.84	66.28	444.09	76.59
	a10-325	室内塑料给水管(热熔连接)安装 公称外径(32mm以内)	m	6.700	10.49	50.05	0.01	2.10	1.68	64.33		
	a10-1974	管道消毒、冲洗 公称直径(25mm以内)	m	12.760	0.35	0.02		0.07	0.06	0.50		
	a10-1848	成品管卡安装 公称直径25mm	个	2.000	0.92	2.10		0.18	0.15	3.35		
13	031001006004	塑料管	m	14.030	12.42	75.59	0.01	2.48	1.99	92.50	1297.71	174.28
	a10-326	室内塑料给水管(热熔连接)安装 公称外径(40mm以内)	m	14.030	11.79	74.96	0.01	2.36	1.89	91.01		
	a10-1975	管道消毒、冲洗 公称直径(32mm以内)	m	14.030	0.37	0.03		0.07	0.06	0.53		
	a10-1848	成品管卡安装 公称直径32mm	个	4.000	0.92	2.10		0.18	0.15	3.35		

续表

序号	项目编码	子目名称	单位	工程量	综合单价组成（元）					金额（元）		
					人工费	材料费	机械费	管理费	利润	综合单价	合价	其中：人工费
14	031001006005	塑料管	m	7.310	15.41	190.45	0.02	3.08	2.47	211.43	1545.55	112.65
	a10-328	室内塑料给水管（热熔连接）安装 公称外径（63mm 以内）	m	7.310	14.99	190.39	0.02	3.00	2.40	210.80		
	a10-1977	管道消毒、冲洗 公称直径（50mm 以内）	m	7.310	0.42	0.06		0.08	0.07	0.63		
15	031003001001	螺纹阀门	个	4.000	7.47	14.80	0.69	1.50	1.20	25.66	102.64	29.88
	a10-845	螺纹阀门安装 公称直径（15mm 以内）	个	4.000	7.47	14.80	0.69	1.50	1.20	25.66		
16	031003001002	螺纹阀门	个	4.000	8.27	17.84	0.80	1.66	1.32	29.89	119.56	33.08
	a10-846	螺纹阀门安装 公称直径（20mm 以内）	个	4.000	8.27	17.84	0.80	1.66	1.32	29.89		
17	031003001003	螺纹阀门	个	3.000	11.60	36.70	1.33	2.32	1.86	53.81	161.43	34.80
	a10-848	螺纹阀门安装 公称直径（32mm 以内）	个	3.000	11.60	36.70	1.33	2.32	1.86	53.81		
18	031003001004	螺纹阀门	个	2.000	22.29	68.03	2.17	4.46	3.56	100.51	201.02	44.58
	a10-850	螺纹阀门安装 公称直径（50mm 以内）	个	2.000	22.29	68.03	2.17	4.46	3.56	100.51		
19	031002003001	套管	个	2.000	7.12	8.03		1.43	1.14	17.72	35.44	14.24
	a10-1874	一般塑料套管制安 介质管道直径 25mm	个	2.000	7.12	8.03		1.43	1.14	17.72		
20	031002003002	套管	个	1.000	7.12	8.03		1.42	1.14	17.71	17.71	7.12
	a10-1874	一般塑料套管制安 介质管道直径 32mm	个	1.000	7.12	8.03		1.42	1.14	17.71		
21	031002003003	套管	个	1.000	9.42	11.90		1.88	1.51	24.71	24.71	9.42

续表

序号	项目编码	子目名称	单位	工程量	综合单价组成（元）					金额（元）		
					人工费	材料费	机械费	管理费	利润	综合单价	合价	其中：人工费
	a10-1875	一般塑料套管制安 介质管道直径 50mm	个	1.000	9.42	11.90		1.88	1.51	24.71		
22	031001001001	镀锌钢管	m	4.530	19.90	18.92	0.78	3.98	3.18	46.76	211.82	90.15
	a10-16	室内镀锌钢管(螺纹连接)安装 公称直径(40mm 以内)	m	4.530	19.90	18.92	0.78	3.98	3.18	46.76		
23	031001001002	镀锌钢管	m	0.660	21.36	21.17	1.00	4.27	3.42	51.22	33.81	14.10
	a10-17	室内镀锌钢管(螺纹连接)安装 公称直径(50mm 以内)	m	0.660	21.36	21.17	1.00	4.27	3.42	51.22		
24	031001005001	铸铁管	m	12.220	15.59	56.94	0.62	3.12	2.49	78.76	962.45	190.51
	a10-227	室内柔性铸铁排水管(机械接口)安装 公称直径(50mm 以内)	m	12.220	15.59	56.94	0.62	3.12	2.49	78.76		
25	031001005002	铸铁管	m	27.710	24.07	166.71	4.50	4.81	3.85	203.94	5651.18	666.98
	a10-229	室内柔性铸铁排水管(机械接口)安装 公称直径(100mm 以内)	m	27.710	24.07	166.71	4.50	4.81	3.85	203.94		
26	031002001001	管道支架	kg	28.550	6.95	5.64	2.87	1.39	1.11	17.96	512.76	198.42
	a10-1837	管道支架制作 单件重量(5kg 以内)	kg	28.550	4.52	4.47	1.64	0.90	0.72	12.25		
	a10-1842	管道支架安装 单件重量(5kg 以内)	kg	28.550	2.43	1.17	1.23	0.49	0.39	5.71		
27	03B001	预留孔洞	个	2.000	3.46	0.93	0.05	0.69	0.55	5.68	11.36	6.92
	a10-2013	混凝土楼板预留孔洞 公称直径 25mm	个	2.000	3.46	0.93	0.05	0.69	0.55	5.68		
28	03B002	预留孔洞	个	1.000	3.46	0.93	0.05	0.69	0.55	5.68	5.68	3.46
	a10-2013	混凝土楼板预留孔洞 公称直径 32mm	个	1.000	3.46	0.93	0.05	0.69	0.55	5.68		

续表

序号	项目编码	子目名称	单位	工程量	综合单价组成（元）					金额（元）		
					人工费	材料费	机械费	管理费	利润	综合单价	合价	其中：人工费
29	03B003	预留孔洞	个	1.000	3.46	0.93	0.05	0.69	0.55	5.68	5.68	3.46
	a10-2013	混凝土楼板预留孔洞 公称直径（50mm 以内）	个	1.000	3.46	0.93	0.05	0.69	0.55	5.68		
30	03B004	预留孔洞	个	3.000	4.75	2.06	0.10	0.95	0.76	8.62	25.86	14.25
	a10-2016	混凝土楼板预留孔洞 公称直径（100mm 以内）	个	3.000	4.75	2.06	0.10	0.95	0.76	8.62		
31	03B005	预留孔洞	个	2.000	4.42	2.17		0.89	0.71	8.19	16.38	8.84
	a10-2024	混凝土墙体预留孔洞 公称直径 20mm	个	2.000	4.42	2.17		0.89	0.71	8.19		
32	03B006	预留孔洞	个	2.000	6.03	3.56		1.21	0.96	11.76	23.52	12.06
	a10-2027	混凝土墙体预留孔洞 公称直径（100mm 以内）	个	2.000	6.03	3.56		1.21	0.96	11.76		
		第十册小计									16803.31	2803.62
33	031201004001	铸铁管刷油	m^2	9.540	13.31	2.16		2.67	2.13	20.27	193.38	126.98
	a12-1	手工除管道轻锈	m^2	9.540	3.48	0.25		0.70	0.56	4.99		
	a12-176	铸铁管刷防锈漆　一遍	m^2	9.540	3.39	0.60		0.68	0.54	5.21		
	a12-178	铸铁管刷银粉漆　第一遍	m^2	9.540	3.27	0.69		0.66	0.52	5.14		
	a12-179	铸铁管刷银粉漆　增一遍	m^2	9.540	3.17	0.62		0.63	0.51	4.93		
34	031201004002	铸铁管刷油	m^2	2.340	10.76	4.99		2.16	1.72	19.63	45.93	25.18
	a12-1	手工除管道轻锈	m^2	2.340	3.48	0.25		0.70	0.56	4.99		
	a12-180	铸铁管刷沥青漆　第一遍	m^2	2.340	3.69	2.44		0.74	0.59	7.46		
	a12-181	铸铁管刷沥青漆　增一遍	m^2	2.340	3.59	2.30		0.72	0.57	7.18		
35	031201003001	支架刷油	kg	22.680	1.03	0.19	0.13	0.20	0.16	1.71	38.78	23.36

续表

序号	项目编码	子目名称	单位	工程量	综合单价组成（元）					金额(元)		
					人工费	材料费	机械费	管理费	利润	综合单价	合价	其中:人工费
	a12-5	手工除一般钢结构轻锈	kg	22.680	0.35	0.02	0.09	0.07	0.06	0.59		
	a12-107	一般钢结构刷红丹防锈漆 第一遍	kg	22.680	0.24	0.09	0.04	0.05	0.04	0.46		
	a12-112	一般钢结构刷银粉漆 第一遍	kg	22.680	0.22	0.04		0.04	0.03	0.33		
	a12-113	一般钢结构刷银粉漆 增一遍	kg	22.680	0.22	0.04		0.04	0.03	0.33		
36	031201003002	支架刷油	kg	5.870	0.82	0.19	0.17	0.17	0.14	1.49	8.75	4.81
	a12-5	手工除一般钢结构轻锈	kg	5.870	0.35	0.02	0.09	0.07	0.06	0.59		
	a12-107	一般钢结构刷红丹防锈漆 第一遍	kg	5.870	0.24	0.09	0.04	0.05	0.04	0.46		
	a12-108	一般钢结构刷红丹防锈漆 增一遍	kg	5.870	0.23	0.08	0.04	0.05	0.04	0.44		
		第十二册刷油、防腐蚀小计									286.84	180.33
37	031208002001	管道保温	m^3	0.090	617.76	666.33		123.56	98.89	1506.54	135.59	55.60
	a12-1027	管道（*DN*50 以内）橡塑管壳安装	m^3	0.090	617.76	666.33		123.56	98.89	1506.54		
38	031208007001	保护层	m^2	2.830	3.94	1.22		0.79	0.63	6.58	18.62	11.15
	a12-1066	管道玻璃丝布保护层安装	m^2	2.830	3.94	1.22		0.79	0.63	6.58		
		第十二册绝热小计									154.21	66.75
39	031301017001	脚手架搭拆（十册部分）	项	1.000	49.06	91.12		9.81	7.85	157.84	157.84	49.06
	a10-f1	脚手架搭拆费	%	5.000	49.06	91.12		9.81	7.85	157.84		
40	031301017002	脚手架搭拆	项	1.000	4.42	8.20		0.88	0.71	14.21	14.21	4.42
	a12-f1	脚手架搭拆费（十二册刷油防腐）	%	7.000	4.42	8.20		0.88	0.71	14.21		
41	031301017003	脚手架搭拆	项	1.000	2.34	4.34		0.47	0.37	7.52	7.52	2.34
	a12-f2	脚手架搭拆费（十二册绝热）	%	10.000	2.34	4.34		0.47	0.37	7.52		

3. 计算分部分项工程和单价措施项目费

分部分项工程和单价措施项目费＝∑(综合单价×清单工程量)

分部分项工程和单价措施项目费按照《建设工程工程量清单计价规范》GB 50500—2013附录统一格式填写，填写在分部分项工程和单价措施项目清单与计价表中。

本室内给水排水工程根据招标工程量清单、综合单价分析计算分部分项工程和单价措施项目费，计算结果见表1-21。

分部分项工程和单价措施项目清单与计价表　　表1-21

工程名称：某室内给水排水工程

序号	项目编号	项目名称	项目特征描述	计量单位	工程量	金额(元)		
						综合单价	合价	其中：人工费
		分部分项工程						
1	031004003001	洗脸盆	1. 规格：冷水洗脸盆； 2. 组装形式：成套挂墙式； 3. 附件名称、数量：DN15水嘴1个、DN15金属软管1根、排水附件1套	组	2.000	168.67	337.34	70.62
2	031004003002	洗脸盆	1. 规格：冷热水洗脸盆； 2. 组装形式：成套挂墙式； 3. 附件名称、数量：DN15水嘴2个、DN15金属软管2根、排水附件1套	组	1.000	371.28	371.28	38.52
3	031004010001	淋浴器	1. 规格：冷热水淋浴器； 2. 组装形式：成套安装； 3. 附件名称、数量：De25PPR管2.5m、DN15螺纹截止阀2个、喷头1个	套	4.000	130.71	522.84	50.84
4	031004006001	大便器	1. 规格：瓷高水箱蹲式大便器； 2. 组装形式：成套安装； 3. 附件名称、数量：DN100大便器存水弯1个、DN32冲洗管1根、DN15金属软管1根	组	6.000	285.49	1712.94	383.64

续表

序号	项目编号	项目名称	项目特征描述	计量单位	工程量	金额(元)		
						综合单价	合价	其中：人工费
5	031004007001	小便器	1. 规格：壁挂式小便器，手动开关； 2. 组装形式：成套安装； 3. 附件名称、数量：*DN*15 小便器冲洗管 1 根、排水附件 1 套、*DN*15 金属软管 1 根、*DN*15 截止阀 1 个	组	4.000	218.19	872.76	88.80
6	031004014001	水龙头	1. 规格：*DN*20 水嘴； 2. 安装方式：热熔	个	2.000	31.07	62.14	4.34
7	031004014002	排水栓	1. 材质：钢制； 2. 规格：*DN*50； 3. 安装方式：带存水弯排水栓安装	组	2.000	44.13	88.26	28.64
8	031004014003	地漏	1. 材质：塑料； 2. 规格：*DN*50	个	4.000	23.62	94.48	48.56
9	031004014004	地漏	1. 材质：塑料； 2. 规格：*DN*100	个	1.000	71.92	71.92	27.51
10	031001006001	塑料管	1. 安装部位：室内； 2. 介质：给水； 3. 材质、规格：*De*20PPR 管； 4. 连接形式：热熔； 5. 压力试验及吹、洗设计要求：水压试验、消毒冲洗； 6. 塑料管卡安装	m	20.780	37.95	788.64	205.64
11	031001006002	塑料管	1. 安装部位：室内； 2. 介质：给水； 3. 材质、规格：*De*25PPR 管； 4. 连接形式：热熔； 5. 压力试验及吹、洗设计要求：水压试验、消毒冲洗； 6. 塑料管卡安装	m	10.020	46.94	470.36	110.72
12	031001006003	塑料管	1. 安装部位：室内； 2. 介质：给水； 3. 材质、规格：*De*32PPR 管； 4. 连接形式：热熔； 5. 压力试验及吹、洗设计要求：水压试验、消毒冲洗； 6. 塑料管卡安装	m	6.700	66.28	444.09	76.59

续表

序号	项目编号	项目名称	项目特征描述	计量单位	工程量	金额(元)		
						综合单价	合价	其中:人工费
13	031001006004	塑料管	1. 安装部位:室内; 2. 介质:给水; 3. 材质、规格:*De*40PPR管; 4. 连接形式:热熔; 5. 压力试验及吹、洗设计要求:水压试验、消毒冲洗; 6. 塑料管卡安装	m	14.030	92.50	1297.71	174.28
14	031001006005	塑料管	1. 安装部位:室内; 2. 介质:给水; 3. 材质、规格:*De*63PPR管; 4. 连接形式:热熔; 5. 压力试验及吹、洗设计要求:水压试验、消毒冲洗	m	7.310	211.43	1545.55	112.65
15	031003001001	螺纹阀门	1. 类型:截止阀; 2. 规格、压力等级:*DN*15、16MPa; 3. 连接形式:螺纹连接	个	4.000	25.66	102.64	29.88
16	031003001002	螺纹阀门	1. 类型:截止阀; 2. 规格、压力等级:*DN*20、16MPa; 3. 连接形式:螺纹连接	个	4.000	29.89	119.56	33.08
17	031003001003	螺纹阀门	1. 类型:截止阀; 2. 规格、压力等级:*DN*32、16MPa; 3. 连接形式:螺纹连接	个	3.000	53.81	161.43	34.80
18	031003001004	螺纹阀门	1. 类型:截止阀; 2. 规格、压力等级:*DN*50、16MPa; 3. 连接形式:螺纹连接	个	2.000	100.51	201.02	44.58
19	031002003001	套管	1. 名称、类型:穿楼板套管; 2. 材质:塑料; 3. 规格:*DN*25	个	2.000	17.72	35.44	14.24
20	031002003002	套管	1. 名称、类型:穿楼板套管; 2. 材质:塑料; 3. 规格:*DN*32	个	1.000	17.71	17.71	7.12
21	031002003003	套管	1. 名称、类型:穿楼板套管; 2. 材质:塑料; 3. 规格:*DN*50	个	1.000	24.71	24.71	9.42

续表

序号	项目编号	项目名称	项目特征描述	计量单位	工程量	金额(元)		
						综合单价	合价	其中：人工费
22	031001001001	镀锌钢管	1. 安装部位:室内； 2. 介质:排水； 3. 规格:*DN*40、无压； 4. 连接形式:螺纹连接	m	4.530	46.76	211.82	90.15
23	031001001002	镀锌钢管	1. 安装部位:室内； 2. 介质:排水； 3. 规格:*DN*50、无压； 4. 连接形式:螺纹连接	m	0.660	51.22	33.81	14.10
24	031001005001	铸铁管	1. 安装部位:室内； 2. 介质:排水； 3. 规格:*DN*50； 4. 连接形式:承插； 5. 接口材料:胶圈； 6. 试验要求:灌水试验	m	12.220	78.76	962.45	190.51
25	031001005002	铸铁管	1. 安装部位:室内； 2. 介质:排水； 3. 规格:*DN*100； 4. 连接形式:承插； 5. 接口材料:胶圈； 6. 试验要求:灌水试验	m	27.710	203.94	5651.18	666.98
26	031002001001	管道支架	1. 材质:型钢； 2. 管架形式:制作与安装	kg	26.770	17.96	480.79	198.42
27	03B001	预留孔洞	1. 名称:预留楼板孔洞； 2. 规格:*DN*25	个	2.000	5.68	11.36	6.92
28	03B002	预留孔洞	1. 名称:预留楼板孔洞； 2. 规格:*DN*32	个	1.000	5.68	5.68	3.46
29	03B003	预留孔洞	1. 名称:预留楼板孔洞； 2. 规格:*DN*50	个	1.000	5.68	5.68	3.46
30	03B004	预留孔洞	1. 名称:预留楼板孔洞； 2. 规格:*DN*100	个	3.000	8.62	25.86	14.25
31	03B005	预留孔洞	1. 名称:预留墙体孔洞； 2. 规格:*DN*20	个	2.000	8.19	16.38	8.84
32	03B006	预留孔洞	1. 名称:预留墙体孔洞； 2. 规格:*DN*100	个	2.000	11.76	23.52	12.06
33	031201004001	铸铁管刷油	1. 除锈级别:轻锈； 2. 油漆品种及涂刷遍数:防锈漆1遍、银粉漆2遍	m^2	9.540	20.27	193.38	126.98

续表

序号	项目编号	项目名称	项目特征描述	计量单位	工程量	金额(元)		
						综合单价	合价	其中:人工费
34	031201004002	铸铁管刷油	1. 除锈级别:轻锈; 2. 油漆品种及涂刷遍数:沥青漆2遍	m^2	2.340	19.63	45.93	25.18
35	031201003001	支架刷油	1. 除锈级别:轻锈; 2. 油漆品种及涂刷遍数:防锈漆1遍、银粉漆2遍; 3. 结构类型:一般钢结构	kg	22.680	1.71	38.78	23.36
36	031201003002	支架刷油	1. 除锈级别:轻锈; 2. 油漆品种及涂刷遍数:防锈漆2遍; 3. 结构类型:一般钢结构	kg	5.870	1.49	8.75	4.81
37	031208002001	管道保温	1. 绝热材料品种:橡塑管壳; 2. 绝热厚度:50mm; 3. 管道外径:40mm	m^3	0.090	1506.54	135.59	55.60
38	031208007001	保护层	1. 材料:玻璃丝布; 2. 层数:一层; 3. 对象:管道	m^2	2.830	6.58	18.62	11.15
分部小计							17212.39	3050.70
		单价措施项目						
39	031301017001	脚手架搭拆	第十册脚手架搭拆	项	1.000	157.84	157.84	49.06
40	031301017002	脚手架搭拆	第十二册刷油、防腐蚀脚手架搭拆	项	1.000	14.21	14.21	4.42
41	031301017003	脚手架搭拆	第十二册绝热脚手架搭拆	项	1.000	7.52	7.52	2.34
分部小计							179.57	55.82
合计							17391.96	3106.52

3.3.2 计算总价措施项目费

根据招标工程量清单和常规施工方案以及计价依据、计价办法，分析计算总价措施项目费。总价措施项目费按照《建设工程工程量清单计价规范》GB 50500—2013附录统一格式，填写在总价措施项目清单与计价表中。

总价措施项目费=∑(人工费+材料费+机械费+管理费+利润)

其中：人工费=(分部分项工程费中人工费+单价措施项目费中人工费)×总价措施项目费费率×25%

材料费+机械费=(分部分项工程费中人工费+单价措施项目费中人工费)×总价措施项目费费率×75%

管理费=总价措施项目费中人工费×管理费费率

利润＝总价措施项目费中人工费×利润率

本室内给水排水工程总价措施项目费用依据 2017 年《内蒙古自治区建设工程费用定额》和计价办法分析计算，计算方法同项目 1 中的 1.3.3 节所述。总价措施项目费各项费用计算结果见总价措施项目计价分析表 1-22，将表 1-22 中各项费用填入总价措施项目清单与计价表 1-23 中。

总价措施项目计价分析表　　表 1-22

工程名称：某室内给水排水工程

序号	编码	项目名称	费率（%）	人工费（元）	材料费机械费（元）	管理费（元）	利润（元）	合价（元）
1	031302001001	安全文明施工费	3	23.30	69.90	4.66	3.73	101.58
2		安全文明施工与环境保护费	2	15.53	46.60	3.11	2.48	67.72
3		临时设施费	1	7.77	23.30	1.55	1.24	33.86
4	031302005001	雨季施工增加费	0.5	3.88	11.65	0.78	0.62	16.93
5	031302006001	已完工程及设备保护费	0.8	6.21	18.64	1.24	0.99	27.08
6	031302004001	二次搬运费	0.01	0.08	0.23	0.02	0.01	0.34
合　计					33.47			145.93

总价措施项目清单与计价表　　表 1-23

工程名称：某室内给水排水工程

序号	项目编码	项目名称	计算基础	费率（%）	金额（元）
1	031302001001	安全文明施工费	定额人工费	3	101.58
2		安全文明施工与环境保护费	定额人工费	2	67.72
3		临时设施费	定额人工费	1	33.86
4	031302005001	雨季施工增加费	定额人工费	0.5	16.93
5	031302006001	已完工程及设备保护费	定额人工费	0.8	27.08
6	031302004001	二次搬运费	定额人工费	0.01	0.34
合　计					145.93

3.3.3 计算其他项目费

根据招标工程量其他项目清单和工程实际填写，按照《建设工程工程量清单计价规范》GB 50500—2013 相关规定，采用附录统一格式，填写在其他项目清单与计价表中。

本室内给水排水工程其他项目费（检验试验费）见表 1-24，计算方法同项目 1 中 1.3.5 节的叙述。

其他项目清单与计价表　　表 1-24

工程名称：某室内给水排水工程

序号	项目名称	计量单位	金额(元)	备注
1	检验试验费		480.00	
合　计			480.00	

3.3.4 计算规费、税金

规费=(分部分项工程费中人工费+单价措施项目费中人工费+总价措施项目费中人工费)×规费费率

税金=(分部分项工程费+措施项目费+其他项目费+规费)×税率

规费、税金计算结果见表 1-25。

规费、税金项目清单与计价表　　表 1-25

工程名称：某室内给水排水工程

序号	项目名称	计算基础	费率(%)	金额(元)
1	规费	按费用定额规定计算	19	596.60
1.1	社会保险费	按费用定额规定计算	14.9	467.86
1.1.1	基本医疗保险	人工费×费率	3.7	116.18
1.1.2	工伤保险	人工费×费率	0.4	12.56
1.1.3	生育保险	人工费×费率	0.3	9.42
1.1.4	养老失业保险	人工费×费率	10.5	329.70
1.2	住房公积金	人工费×费率	3.7	116.18
1.3	水利建设基金	人工费×费率	0.4	12.56
1.4	环保税	按实计取	100	
2	税金	税前工程造价×税率	9	1675.30
合　计				2271.90

3.3.5 计算工程造价

单位工程招标控制价=分部分项工程费+措施项目费+其他项目费+规费+税金。

措施项目=单价措施项目+总价措施项目

本工程单位工程招标控制价见表 1-26。

单位工程招标控制价汇总表　　表 1-26

工程名称：某室内给水排水工程

序号	汇总内容	金额(元)	其中:暂估价(元)
1	分部分项工程和单价措施项目	17391.96	
2	总价措施项目	145.93	
2.1	其中:安全文明措施费	101.58	
3	其他项目	480.00	

续表

序号	汇总内容	金额(元)	其中:暂估价(元)
3.1	检验试验费	480.00	
4	规费	596.60	
5	税金	1675.30	
招标控制价合计=1+2+3+4+5		20289.79	

3.3.6 填写总说明

总说明主要填写工程概况、招标范围及招标控制价编制的依据及有关问题说明。

本室内给水排水工程招标控制价总说明见表1-27。

总说明 表1-27

工程名称：某室内给水排水工程

总说明

1. 工程概况

本工程为新建地上三层办公楼,建筑面积为2000m^2,砖混结构。

2. 本次招标范围

办公楼给水排水工程。

3. 招标控制价编制依据

(1)《建设工程工程量清单计价规范》GB 50500—2013和《通用安装工程工程量计算规范》GB 50856—2013;

(2)内蒙古自治区建设行政主管部门2017年颁发的《内蒙古自治区通用安装工程预算定额》:第十册《给排水、采暖、燃气工程》,第十二册《刷油、防腐蚀、绝热工程》;

(3)内蒙古自治区建设行政主管部门2017年颁发的《内蒙古自治区建设工程费用定额》及现行的有关工程造价文件;

(4)本工程主要材料价格采用2020年《呼和浩特市工程造价信息》第5期发布的信息价;

(5)该室内给水排水工程施工图;

(6)该室内给水排水工程招标文件、招标工程量清单及其补充通知、答疑纪要;

(7)施工现场情况、工程特点及实际施工方案。

3.3.7 填写招标控制价扉页

招标控制价扉页采用《建设工程工程量清单计价规范》GB 50500—2013 中的统一格式，扉页必须按要求填写，并签字、盖章。本室内给水排水工程招标控制价扉页见表 1-28。

招标控制价扉页　　表 1-28

工程名称：某室内给水排水工程

某室内给水排水 工程

招标控制价

招标控制价(小写)20290 元

(大写)贰万零贰佰玖拾元整

招　标　人：＿＿＿＿＿＿＿＿（单位盖章）

造价咨询人：＿＿＿＿＿＿＿＿（单位资质专用章）

法定代表人或其授权人：＿＿＿＿＿＿＿＿（签字或盖章）

法定代表人或其授权人：＿＿＿＿＿＿＿＿（签字或盖章）

编 制 人：＿＿＿＿＿＿＿＿（造价人员签字盖专用章）

复 核 人：＿＿＿＿＿＿＿＿（造价工程师签字盖专用章）

编制时间：　年　月　日　　复核时间：　年　月　日

3.3.8 填写封面

招标控制价封面采用《建设工程工程量清单计价规范》GB 50500—2013附录中统一格式，封面必须按要求填写，并签字、盖章。如表1-29所示，填写招标控制价封面。

招标控制价封面 **表1-29**

工程名称：某室内给水排水工程

<table>
<tr><td>

某室内给水排水 工程

招标控制价

招 标 人：＿＿＿＿＿＿＿＿＿＿＿＿＿＿
（单位盖章）

造价咨询人：＿＿＿＿＿＿＿＿＿＿＿＿＿＿
（单位资质专用章）

年 月 日

</td></tr>
</table>

3.3.9 装订

招标控制价按图 1-6 所示顺序装订。

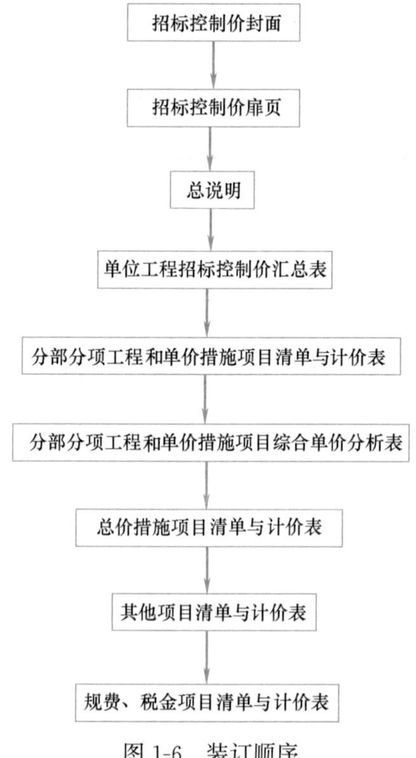

图 1-6 装订顺序

项目 2　室内消防给水工程计量与计价

【项目实训目标】 编制室内消防给水工程计价文件是给排水工程专业学生必备的能力。本实训项目，培养学生编制室内消防给水工程施工图预算的能力，培养学生编制工程量清单及招标控制价的能力。学生通过本实训项目训练达到以下目标：

1. 能够编制室内消防给水工程施工图预算；
2. 能够编制室内消防给水工程工程量清单；
3. 能够编制室内消防给水工程招标控制价、投标报价；
4. 能够编制室内消防给水工程进度预付款、竣工结算。

工程案例：

本工程为某办公楼室内消防给水工程，建筑面积为 2079m^2，该建筑地上三层，每层设有 4 个消火栓，平面图如图 2-1～图 2-3 所示，系统图如图 2-4 所示。图纸有关文字说明如下：

项目 2
案例图纸

1. 消火栓系统

（1）室内消火栓系统采用临时高压系统。

（2）消火栓按规范要求安装于各楼层，保证同层的两个消火栓的水枪充实水柱同时到达被保护范围的任何部位，充实水柱不小于 10m，消火栓为 SN65 单栓，消火栓做法见内蒙古自治区工程建设标准设计《12 系列建筑标准设计图集》给排水专业第二册 12S4-12。消火栓栓口距地面 1.1m。

2. 消火栓管道采用热浸锌镀锌钢管，*DN*≤50 采用螺纹连接，*DN*>50 采用沟槽连接。消火栓系统的阀门采用沟槽蝶阀 D81X-16，泄水阀采用 *DN*32 闸阀，阀门应有明显的启闭标志。

3. 冲洗及试压

（1）消防管网安装完毕后，应进行强度试验，冲洗及严密性试验。

（2）消火栓管道试验压力为 14MPa，达到试验压力后，稳压 30min 后，管网应无泄漏、无变形，且压力降不应大于 0.05MPa。试验压力表应位于系统或试验部分的最低部位。

（3）室内消火栓系统在交付使用前应将管道冲洗干净，其冲洗量应为消防时最大设计流量。

4. 防腐绝热

（1）管道、管件、支架等刷底漆前，应清除表面的灰尘、污垢、锈斑及焊渣等物。涂刷油漆厚度应均匀，不得有脱皮、起泡、流淌和漏涂现象。

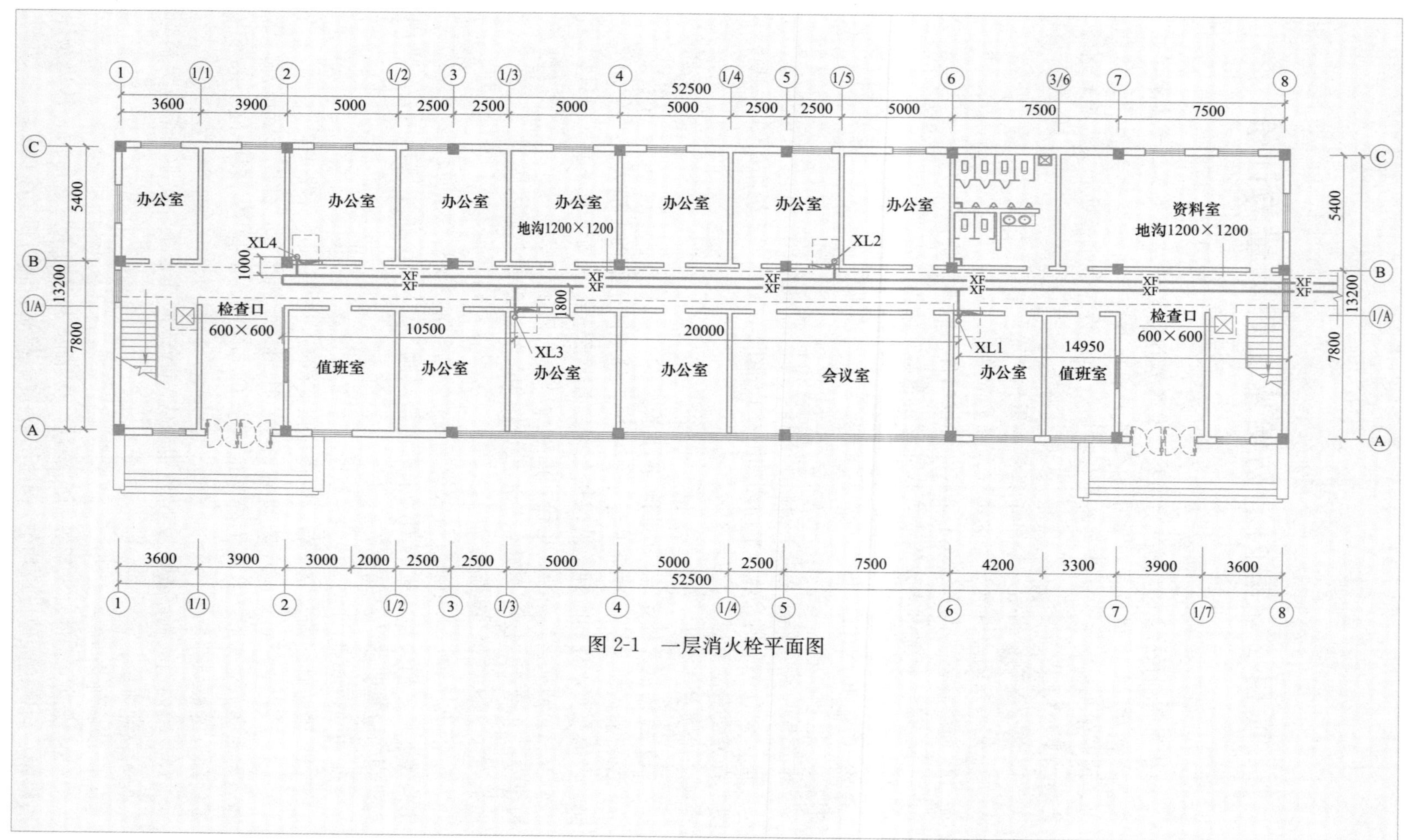

图 2-1 一层消火栓平面图

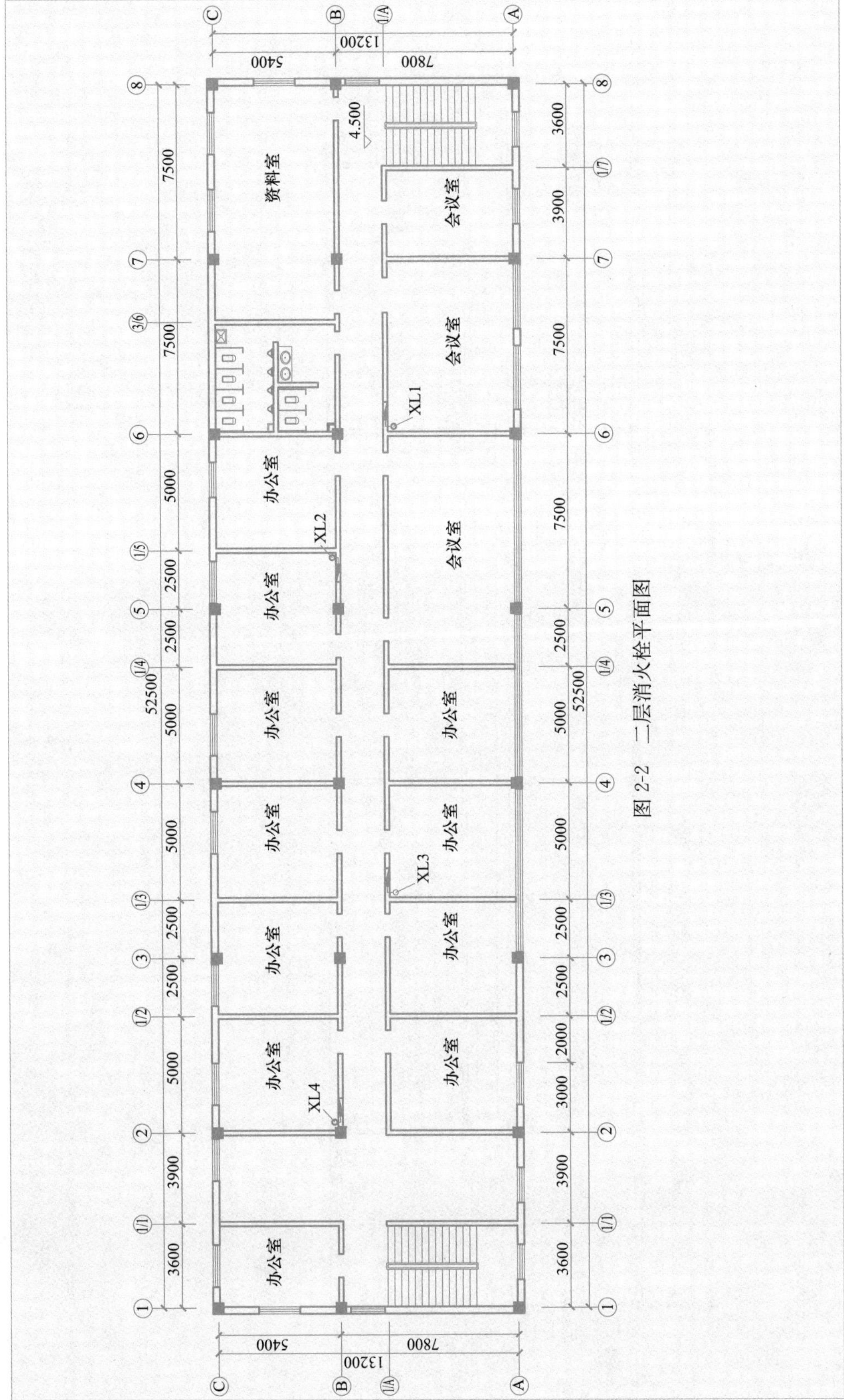

图 2-2　二层消火栓平面图

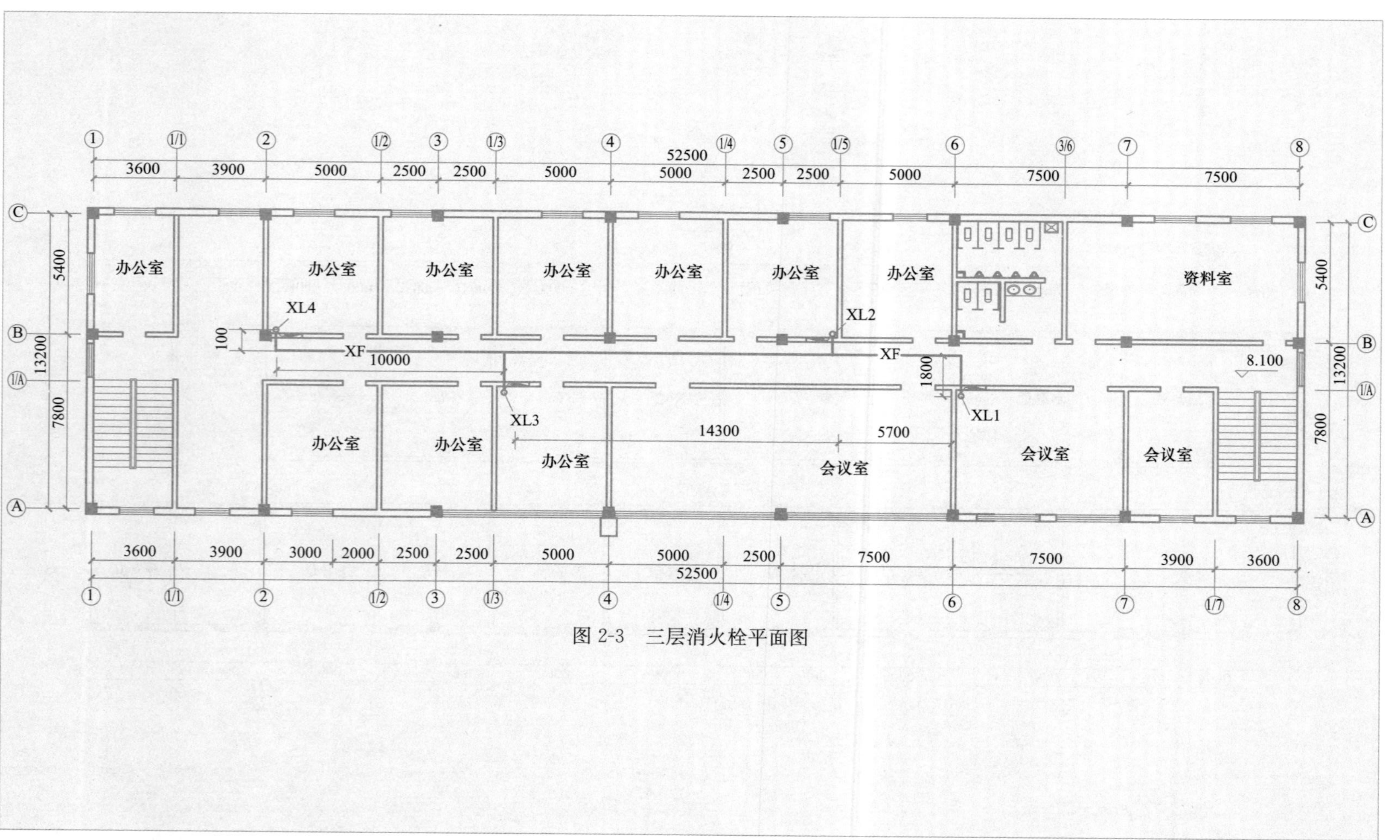

图 2-3　三层消火栓平面图

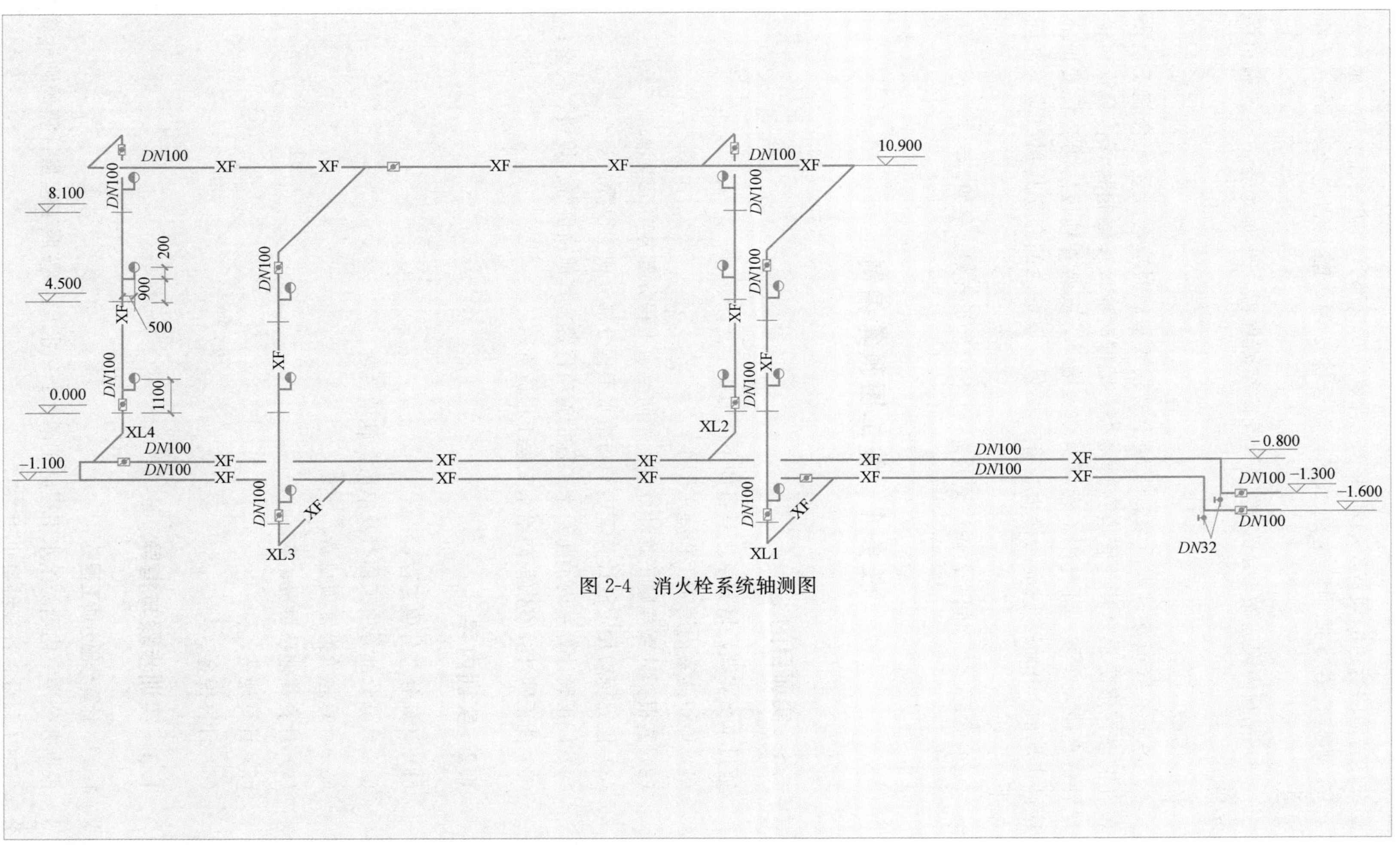

图 2-4　消火栓系统轴测图

(2) 消防管道的镀锌层破坏部分及管螺纹露出部分刷防锈漆2道，调合漆2道；明装管道支架刷防锈漆2遍，调合漆2遍；暗装管道支架刷防锈漆2遍。

(3) 吊顶内管道做20mm橡塑管壳防结露保温，外面缠绕一层玻璃布保护层。

5. 其他

(1) 所有管道穿过承重墙，混凝土梁板或基础时应与土建配合施工，预留孔洞和预埋防水套管。管道穿过楼板，墙壁时应埋设钢制套管，套管直径比管道直径大2号；环缝用不燃材料填实堵严，安装在楼板内的套管其顶部应高出地面50mm，底部与楼板平齐；安装在墙壁内的套管其端部应与饰面相平。

(2) 管道、支架间距及做法见图集：12S10管道支架、吊架。

任务1　施工图预算编制

1.1　实训目的

通过本次实训，培养学生具备如下能力：

(1) 能识读室内消防工程施工图纸；

(2) 能根据计算规则正确计算室内消防给水工程分部分项工程量；

(3) 能熟练应用定额计算室内消防给水工程分部分项工程费；

(4) 能正确计算室内消防给水工程措施项目费、其他项目费、规费、税金；

(5) 能正确计算室内消防给水工程工程造价。

1.2　实训内容

(1) 计算分部分项工程量；

(2) 计算分部分项工程费及单价措施项目费；

(3) 计算总价措施项目费；

(4) 计算其他项目费；

(5) 计算规费；

(6) 计算税金。

1.3　实训步骤与指导

1.3.1　计算分部分项工程量

根据办公楼室内消防给水工程施工图2-1～图2-4，按照工程量计算规则计算分部分项工程量，计算结果见表2-1。

工程量计算书 表 2-1

工程名称：某办公楼室内消防给水工程

序号	项目名称	单位	工程量计算公式	工程量
1	消火栓	套	消火栓套数＝每层消火栓个数×层数＝4(每层消火栓套数)×3(层数)＝12	12
2	管道的延长米的计算			
	*DN*65 热镀锌钢管(支管)	m	(0.5＋0.2)(消火栓支管长度)×12(消火栓套数)＝8.4	8.4
	*DN*100 热镀锌钢管(吊顶内)	m	L_{DN100}＝前后方向水平长度＋左右方向水平长度 ＝1.8×2＋1.0×2＋10＋14.3＋5.7 ＝35.6	35.6 ＋43.6 ＋104.3 ＝183.5
	*DN*100 热镀锌钢管(明装立管)	m	L_{DN100}＝每根长度(上下端标高差)×立管根数 ＝(10.9－0)×4 ＝43.6	
	*DN*100 热镀锌钢管(地沟内)	m	L_{DN100}＝垂直方向长度＋前后方向水平长度＋左右方向水平长度＋内外分界管道的长度 ＝0.8×2＋1.1×2＋(1.3－0.8)＋(1.6－1.1)＋ 1.0×2＋1.8×2＋(10.5＋20＋14.95)×2＋1.5×2 ＝104.3	
	*DN*32 热镀锌钢管泄水管(地沟内)		0.15×2＝0.3 式中：每根泄水管按 0.15 估算	0.3
3	支架		$G=\sum$[某规格给水管道长度×每 m 管道支架用量] 式中：每 m 管支架用量查附表 B	
	吊顶内	kg	35.6(吊顶内 *DN*100 管长)×0.75＝26.7	26.7 ＋27.07 ＋56.39 ＝110.16
	明装	kg	43.6(*DN*100 管长)×0.54＋8.4(*DN*65 管长)×0.42＝27.07	
	地沟内	kg	104.3(*DN*100 管长)×0.54＋0.3(*DN*32 管长)×0.24＝56.39	
4	管道配件			
	*DN*100 沟槽弯头	个	10(地沟内)＋6(吊顶内)＝16	16
	*DN*65 沟槽弯头	个	1(每套消火栓弯头数)×12(消火栓套数)＝12	12
	*DN*100×100 沟槽三通	个	4(地沟内)＋2(吊顶内)＝6	6
	*DN*100×65 沟槽三通	个	1(每套消火栓三通数)×12(消火栓套数)＝12	12
	*DN*100×40 沟槽三通泄水	个	入口处 2 个泄水阀	2
5	阀门			
	*DN*100 D71J-16 蝶阀	个	4(地沟内)＋2(每立管阀门个数)×4(立管根数)＋1(吊顶内)＝13	13
	*DN*32 闸阀 泄水阀	个	2(地沟内)	2
6	套管	个		
	*DN*100 穿楼板套管	个	4(每层立管穿楼板数)×3(层数)＝12	12
	*DN*65 穿墙套管	个	穿墙个数等于消火栓的套数	12
7	预留孔洞			

续表

序号	项目名称	单位	工程量计算公式	工程量
	DN100 穿楼板预留孔洞	个	等于 DN100 穿楼板套管数量	12
	DN65 穿墙预留孔洞	个	等于 DN65 穿墙套管数量	12
8	支架的除锈刷油		$S=\sum\left[\frac{\text{某规格钢管管道长度(m)}}{100}\times\text{每 100m 该规格钢管的外表面面积}\right]$	
	除锈	kg	26.7+27.07+56.39=110.16	110.16
	防锈漆第一遍(明暗装)	kg	26.7+27.07+56.39=110.16	110.16
	防锈漆第二遍(明暗装)	kg	26.7+27.07+56.39=110.16	110.16
	调合漆第一遍(明装)	kg	明装支架的重量	27.07
	调合漆第二遍(明装)	kg	明装支架的重量	27.07
9	吊顶内管道绝热(防结露)			
	20mm 橡塑管壳	m^3	保温层体积： $V=\frac{\text{吊顶内 DN100 管道长度(m)}}{100}\times\text{每 100m 该规格管道保温层体积}$ $=\frac{35.6}{100}\times 0.873$ $=0.31$	0.31
	管道玻璃丝布防潮层、保护层	m^2	保护层面积： $s=\frac{\text{吊顶内 DN100 管道长度(m)}}{100}\times\text{每 100m 管道保护层面积}$ $=\frac{35.6}{100}\times 49.10$ $=17.48$	17.48

1.3.2 计算分部分项工程费及单价措施项目费

1. 计算分部分项工程费

分部分项工程费＝∑(定额基价×工程量)

定额基价＝人工费＋材料费＋机械费＋管理费＋利润

将表 2-1 中各分部分项工程量分别套用 2017 年《内蒙古自治区通用安装工程预算定额》第九册、第十册、第十二册，计算各分部分项工程费。分部分项工程费计算结果见表 2-2。

2. 计算单价措施项目费

单价措施项目费＝∑(人工费＋材料费＋机械费＋管理费＋利润)

其中：人工费＝定额册部分分部分项人工费合计×系数×35％

材料费＋机械费＝分部分项人工费合计×系数×65％

管理费＝单价措施项目费中人工费×管理费费率

利润＝单价措施项目费中人工费×利润率

式中　系数——查定额册说明；

管理费费率、利润率——查2017年《内蒙古自治区建设工程费用定额》。

单价措施项目费计算结果见表2-2工程预算表。

工程预算表 表2-2

工程名称：某办公楼室内消防给水工程

序号	定额号	工程项目名称	单位	工程量	单价（元）	合价（元）	定额人工费(元)	
							单价	合价
1		分部分项工程				15282.73		8999.42
2	a9-18	DN100镀锌钢管(沟槽连接)管道安装	m	183.50	35.726	6555.72	23.357	4286.01
3	a9-16	DN65镀锌钢管(沟槽连接)管道安装	m	8.40	29.631	248.90	19.704	165.51
4	a9-2	DN32镀锌钢管(沟槽连接)管道安装	m	0.30	32.914	9.87	21.726	6.52
5	a9-79	DN65室内消火栓(明装)普通单栓	套	12	120.030	1440.36	85.480	1025.76
6	a9-26	DN100沟槽弯头90°管件安装	个	16	36.895	590.32	25.483	407.73
7	a9-24	DN65沟槽弯头90°管件安装	个	12	28.781	345.37	19.933	239.20
8	a9-26	DN100沟槽正三通管件安装	个	6	36.895	221.37	25.483	152.90
9	a9-26	DN100×65沟槽三通管件安装	个	12	36.895	442.74	25.483	305.80
10	a9-26	DN100×40沟槽三通管件安装	个	2	36.895	73.79	25.483	50.97
		第九册小计				9928.45		6640.38
11	a10-1837	管道支架制作 单件质量(5kg以内)	kg	110.16	11.022	1214.18	4.519	497.81
12	a10-1842	管道支架安装 单件质量(5kg以内)	kg	110.16	5.514	607.42	2.433	268.02
13	a10-1866	DN100一般钢套管制安	个	12	68.680	824.16	27.000	324.00
14	a10-1864	DN65一般钢套管制安	个	12	37.520	450.24	14.940	179.28
15	a10-2016	DN100混凝土楼板预留孔洞	个	12	8.217	98.60	4.745	56.94
16	a10-2025	DN65混凝土楼板预留孔洞	个	12	10.022	120.26	5.227	62.72
17	a10-961	DN100沟槽蝶阀安装	个	13	116.190	1510.47	50.440	655.72
18	a10-848	DN32螺纹阀门安装	个	2	26.870	53.74	11.600	23.20
		第十册小计				4879.08		2067.70
19	a12-5	手工除一般钢结构轻锈	kg	110.16	0.585	64.44	0.348	38.34
20	a12-107	一般钢结构刷红丹防锈漆第一遍	kg	110.16	0.459	50.56	0.236	26.00
21	a12-108	一般钢结构刷红丹防锈漆增一遍	kg	110.16	0.435	47.92	0.226	24.90
22	a12-116	一般钢结构刷调合漆第一遍	kg	27.07	0.385	10.42	0.226	6.12
23	a12-117	一般钢结构刷调合漆增一遍	kg	27.07	0.375	10.15	0.226	6.12
24		第十二册刷油小计				183.50		101.47
25	a12-1029	管道(DN125以下)橡塑管壳安装	m^3	0.31	570.270	176.78	390.280	120.99

续表

序号	定额号	工程项目名称	单位	工程量	单价（元）	合价（元）	定额人工费(元)	
							单价	合价
26	a12-1066	管道玻璃丝布防潮层、保护层安装	m^2	17.48	6.574	114.91	3.941	68.89
		第十二册绝热小计				291.70		189.88
		单价措施项目				519.64		161.52
27	a9-f1	脚手架搭拆费	%	5.00		373.85		116.21
28	a10-f1	脚手架搭拆费	%	5.00		116.41		36.18
29	a12-f1	脚手架搭拆费(刷油防腐)	%	7.00		8.00		2.49
30	a12-f2	脚手架搭拆费(绝热)	%	10.00		21.38		6.65
合　计						15802.37		9160.94

表 2-2 中单价措施项目费中脚手架搭拆费计算方法如下：

第九册脚手架搭拆费中人工费＝第九册定额人工费合计×5%×35%
＝6640.38×5%×35%
＝116.21 元

第九册脚手架搭拆费中(材料费＋机械费)＝第九册定额人工费合计×5%×65%
＝6640.38×5%×65%
＝215.81 元

第九册脚手架搭拆费中管理费＝第九册脚手架搭拆费中人工费×管理费费率 20%
＝116.21×20%
＝23.24 元

第九册脚手架搭拆费中利润＝第九册脚手架搭拆费中人工费×利润率 16%
＝116.21×16%
＝18.59 元

第九册脚手架搭拆费＝人工费＋材料费＋机械费＋管理费＋利润
＝116.21＋215.81＋23.24＋18.59
＝373.85 元

表 2-2 中第十册、第十二册定额脚手架搭拆费计算方法同第九册定额脚手架搭拆费计算方法。

1.3.3 计算总价措施项目费

根据计价依据和计价办法分析通用措施项目费用，并将计算结果填入相应表格。

1. 总价措施项目计价分析

总价措施项目费＝Σ(人工费＋材料费＋机械费＋管理费＋利润)

其中：人工费＝(分部分项工程费中人工费＋单价措施项目费中人工费)×总价措施项目费费率×25%

材料费＋机械费＝(分部分项工程费中人工费＋单价措施项目费中人工费)×总价措施项目费费率×75%

管理费＝总价措施项目费中人工费×管理费费率

利润＝总价措施项目费中人工费×利润率

式中总价措施项目费费率、管理费费率、利润率均查 2017 年《内蒙古自治区建设工程费用定额》。

依据 2017 年《内蒙古自治区建设工程费用定额》和计价办法，分析计算总价措施项目费中各项费用，计算结果见表 2-3 总价措施项目计价分析表。

总价措施项目计价分析表　　表 2-3

工程名称：某办公楼室内消防给水工程

序号	项目名称	费率(%)	人工费(元)	材料费 机械费(元)	管理费(元)	利润(元)	合价(元)
1	安全文明施工费	3	68.71	206.12	13.74	10.99	299.56
1.1	安全文明施工与环境保护费	2	45.80	137.41	9.16	7.33	199.71
1.2	临时设施费	1	22.90	68.71	4.58	3.66	99.85
2	雨季施工增加费	0.5	11.45	34.35	2.29	1.83	49.93
3	已完工程及设备保护费	0.8	18.32	54.97	3.66	2.93	79.88
4	二次搬运费	0.01	0.23	0.69	0.05	0.04	1.00
合　计			98.71				430.37

例如，表 2-3 总价措施项目计价分析表中安全文明施工费计算方法如下：

安全文明施工费中人工费＝(分部分项工程费中人工费＋单价措施项目费中人工费)×安全文明施工费费率×25%

＝9160.94×3%×25%

＝68.71 元

安全文明施工费中(材料费＋机械费)＝(分部分项工程费中人工费＋单价措施项目费中人工费)×安全文明施工费费率×75%

＝9160.94×3%×75%

＝206.12 元

安全文明施工费中管理费＝安全文明施工费中人工费×管理费费率

＝68.71×20%

＝13.74 元

安全文明施工费中利润＝安全文明施工费中人工费×利润率

＝68.71×16%

＝10.99 元

安全文明施工费＝人工费＋材料费＋机械费＋管理费＋利润

＝68.71＋206.12＋13.74＋10.99

＝299.56 元

2. 计算总价措施项目费

将总价措施项目费分析表 2-3 中各项合计填入总价措施项目计价表 2-4 中。

总价措施项目计价表　　表 2-4

工程名称：某办公楼室内消防给水工程

序号	项目名称	计算基础	费率(%)	金额(元)
1	安全文明施工费	定额人工费	3	299.56
1.1	安全文明施工与环境保护费	定额人工费	2	199.71
1.2	临时设施费	定额人工费	1	99.85
2	雨季施工增加费	定额人工费	0.5	49.93
3	已完工程及设备保护费	定额人工费	0.8	79.88
4	二次搬运费	定额人工费	0.01	1.00
合　计				430.37

1.3.4 计算材差、未计价主材费

1. 计算材差

材差＝材料的定额用量×(市场价－定额价)

材料的定额用量＝材料的工程量×(1＋损耗率)

本预算中材料市场价按 2020 年《呼和浩特市工程造价信息》第 5 期材料价格计取，调整后的材差见表 2-5。

材料价差调整表　　表 2-5

工程名称：某办公楼室内消防给水工程

编号	名称	单位	数量	定额价(元)	市场价(元)	价差(元)	价差合计(元)
01000101	型钢(综合)	kg	115.67	2.70	3.51	0.81	93.69
01290223	热轧厚钢板 δ12～20	kg	13.95	2.62	3.51	0.89	12.42
17010166	焊接钢管综合	kg	2.92	2.32	3.91	1.59	4.64
17010251	焊接钢管 *DN*100	m	3.82	25.14	41.88	16.74	63.95
17010271	焊接钢管 *DN*150	m	3.82	41.26	68.75	27.49	105.01
34110103	电	kW·h	8.63	0.58	0.61	0.03	0.26
34110117	水	m^3	17.09	5.27	5.46	0.19	3.25
14030106-j	柴油	kg	2.00	6.39	5.40	－0.99	－1.98
34110103-j	电	kW·h	497.35	0.58	0.61	0.03	14.92
合　计							296.16

2. 计算未计价主材费

计价主材费＝主材的定额用量×市场价

主材的定额用量＝主材的工程量×(1＋损耗率)

市场价按 2020 年《呼和浩特市工程造价信息》第 5 期材料价格计取，未计价主材费计算结果见表 2-6。

单位工程未计价主材费表　　表 2-6

工程名称：某办公楼室内消防给水工程

序号	工、料、机名称	单位	数量	定额价（元）	合价（元）
3.1	橡塑管壳	m^3	0.319	568.000	181.19
3.2	镀锌钢管 DN65	m	7.056	31.540	222.55
3.3	镀锌钢管 DN100	m	186.253	49.800	9275.40
3.4	镀锌钢管 DN32	m	0.302	14.870	4.49
3.5	沟槽管件 DN100×40 三通	套	2.010	27.890	56.06
3.6	沟槽管件 DN100×65 三通	套	12.060	30.320	365.66
3.7	沟槽管件 DN65 90°弯头	套	12.060	9.760	117.71
3.8	沟槽管件 DN100 弯头	套	16.080	17.750	285.42
3.9	沟槽管件 DN100 正三通	套	6.030	31.060	187.29
3.10	沟槽阀门 DN100	个	13.000	100.280	1303.64
3.11	螺纹阀门 DN32 闸阀	个	2.020	26.620	53.77
3.12	室内消火栓 DN65	套	12.000	720.000	8640.00
合　计					20693.18

1.3.5　计算规费、税金

1. 计算规费

规费＝(分部分项及单价措施项目费中人工费＋总价措施项目费中人工费)×规费费率

式中：规费费率按现行有关工程造价文件规定及 2017 年《内蒙古自治区建设工程费用定额》计取。

规费＝(9160.94＋98.71)×19%

＝1759.33 元

规费计算结果见表 2-7。

2. 计算税金

税金＝税前总造价×税率

＝(分部分项及单价措施项目费＋总价措施项目费＋其他项目费＋未计价主材及材料价差调整＋规费)×税率

＝(15802.37＋430.37＋436.59＋20989.33＋1759.33)×9%

＝3547.62 元

其中：其他项目费（材料检验试验费）计算如下：

消防工程材料检验试验费＝建筑面积×试验检测费标准×消防工程所占比例

＝2079×3×7%

＝436.59 元

税金计算结果见表 2-7。

单位工程取费表　　表 2-7

工程名称：某办公楼室内消防给水工程

序号	项目名称	计算公式或说明	费率(%)	金额
1	分部分项及单价措施项目	按规定计算		15802.37
2	总价措施项目			430.37
3	其他项目费	按费用定额规定计算		436.59
3.1	检验试验费	按费用定额规定计算		436.59
4	价差调整及主材	以下分项合计		20989.33
4.1	其中:单项材料调整	详见材料价差调整表		296.16
4.2	其中:未计价主材费	定额未计价材料		20693.18
5	规费	(分部分项及单价措施项目费中的人工费+总价措施费中的人工费)×费率	19	1759.33
6	税金	(1+2+3+4+5)×税率	9	3547.62
7	工程造价	1+2+3+4+5+6		42965.62

1.3.6 计算工程造价

工程造价=分部分项及单价措施项目费+总价措施项目费+其他项目费+差调整及主材费+规费+税金
=15802.37+430.37+436.59+20989.33+1759.33+3547.62
=42965.62

工程造价计算结果见表 2-7。

1.3.7 填写编制说明

编制说明主要内容包括工程概况、编制依据等，本工程编制说明见表 2-8。

编制说明　　表 2-8

工程名称：某办公楼室内消防给水工程

编制说明

1. 工程概况

本工程为某办公楼室内消防给水工程消火栓系统，地上三层，建筑面积为 2079m²，每层设有 4 个消火栓。室内消火栓系统采用临时高压系统。消火栓按规范要求安装于各楼层，保证同层的 2 个消火栓的水枪充实水柱同时到达被保护范围的任何部位，充实水柱不小于 10m，消火栓为 SN65 单栓，消火栓做法见 12S4-12。消火栓栓口距地面 1.1m。消火栓管道采用热浸锌镀锌钢管，*DN*≤50 采用螺纹连接，*DN*>50 采用沟槽连接。消火栓系统的阀门采用蝶阀 D71J-16，泄水阀采用 *DN*32 闸阀。

2. 编制依据

(1)该办公楼室内消防给水工程施工图纸；

(2)本工程预算依据内蒙古自治区建设行政主管部门 2017 年颁发的《内蒙古自治区通用安装工程预算定额》：第九册《消防设备安装工程》、第十册《给排水、采暖、燃气工程》、第十二册《刷油、防腐蚀、绝热工程》；

(3)本工程各项工程费用计取依据内蒙古自治区建设行政主管部门 2017 年颁发的《内蒙古自治区建设工程费用定额》及现行有关工程造价文件；

(4)本工程主要材料价格采用 2020 年《呼和浩特市工程造价信息》第 5 期发布的信息价。

1.3.8 填写封面

封面见表 2-9。

封面 表 2-9

工程名称：某办公楼室内消防给水工程

<table>
<tr><td>

工 程 预 算 书

工程名称：某办公楼室内消防给水工程

建设单位：

施工单位：

工程造价：42965 元

造价大写：肆万贰仟玖佰陆拾伍元整

资格证章：

编制日期：

</td></tr>
</table>

1.3.9 装订

施工图预算按图 2-5 的顺序装订：

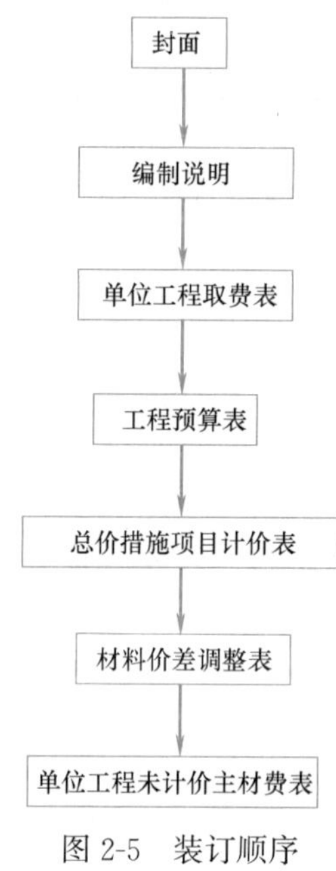

图 2-5 装订顺序

任务2 招标工程量清单编制

2.1 实训目的

通过本次实训，培养学生具备如下能力：

(1) 能识读室内消防给水工程施工图纸；

(2) 能根据《通用安装工程工程量计算规范》GB 50856—2013 计算消防工程工程量；

(3) 能正确编制室内消防给水工程分部分项工程量清单；

(4) 能正确编制室内消防给水工程措施项目清单；

(5) 能正确编制室内消防给水工程其他项目清单；

(6) 能正确编制室内消防给水工程规费与税金项目清单。

2.2 实训内容

(1) 计算清单工程量；

(2) 编制分部分项工程量清单；

(3) 编制措施项目清单；

(4) 编制其他项目清单；

(5) 编制规费与税金项目清单。

2.3 实训步骤与指导

2.3.1 计算清单工程量

清单工程量根据消防工程施工图 2-1～图 2-4，依据《通用安装工程工程量计算规范》GB 50856—2013 中工程量计算规则计算。

本消防工程分部分项清单工程量计算方法及结果同表 2-1 工程量计算书，清单工程量计算书见表 2-10。

清单工程量计算书 表 2-10

工程名称：某办公楼室内消防给水工程

序号	项目名称	单位	工程量计算公式	工程量
1	消火栓	套	同表 2-1	12
2	管道的延长米的计算			
	DN65 热镀锌钢管（支管）	m	同表 2-1	8.40
	DN100 热镀锌钢管（吊顶内）	m	35.6，同表 2-1	35.6 +43.6 +104.3 =183.50
	DN100 热镀锌钢管（明装立管）	m	43.6，同表 2-1	
	DN100 热镀锌钢管（地沟内）	m	104.3，同表 2-1	
	DN32 热镀锌钢管泄水管（地沟内）		同表 2-1	0.30
3	支架			
	吊顶内	kg	26.7，同表 2-1	26.7+27.07 +56.39 =110.16
	明装	kg	27.07，同表 2-1	
	地沟内	kg	56.39，同表 2-1	
4	管道配件			
	DN100 沟槽弯头	个	同表 2-1	16
	DN65 沟槽弯头	个	同表 2-1	12
	DN100×100 沟槽三通	个	同表 2-1	6
	DN100×65 沟槽三通	个	同表 2-1	12
	DN100×40 沟槽三通泄水	个	同表 2-1	2
5	阀门			
	DN100 D71J-16 蝶阀	个	同表 2-1	13
	DN32 闸阀 泄水阀	个	同表 2-1	2
6	套管			
	DN100 穿楼板套管	个	同表 2-1	12
	DN65 穿墙套管	个	同表 2-1	12
7	预留孔洞	个		

续表

序号	项目名称	单位	工程量计算公式	工程量
	*DN*100 穿楼板预留孔洞	个	同表 2-1	12
	*DN*65 穿墙预留孔洞	个	同表 2-1	12
8	支架的除锈刷油			
	除锈	kg	支架的重量	110.16
	防锈漆第一遍	kg	支架的重量	110.16
	防锈漆第二遍	kg	同防锈漆第一遍	110.16
	调合漆一遍(明装)	kg	明装支架的重量	27.07
	调合漆第二遍(明装)	kg	明装支架的重量	27.07
9	绝热(防结露)			
	20mm 橡塑管壳安装	m^3	同表 2-1	0.31
	管道玻璃丝布防潮层、保护层安装	m^2	同表 2-1	17.48

2.3.2 编制分部分项工程和单价措施项目清单

分部分项工程和单价措施项目清单依据《建设工程工程量清单计价规范》GB 50500—2013 和《通用安装工程工程量计算规范》GB 50856—2013 有关规定及相关的标准、规范等编制。分部分项工程和单价措施项目清单中各项按如下规则填写：

(1) 项目编码填写

项目编码应采用 12 位阿拉伯数字，前 9 位按照《通用安装工程工程量计算规范》GB 50856—2013 附录中的规定设置，后 3 位根据拟建工程的工程量清单项目名称和项目特征设置。

(2) 项目名称填写

项目名称按照《通用安装工程工程量计算规范》GB 50856—2013 附录中的项目名称，结合拟建工程的实际确定。

(3) 项目特征描述

项目特征按照《通用安装工程工程量计算规范》GB 50856—2013 附录中规定的项目特征、工作内容，结合拟建工程实际描述。

(4) 计量单位填写

计量单位按照《通用安装工程工程量计算规范》GB 50856—2013 附录中规定的计量单位填写。

(5) 工程量

工程量按照《通用安装工程工程量计算规范》GB 50856—2013 附录中规定的工程量计算规则计算。

本消防工程各分部分项工程和单价措施项目清单与计价表见表 2-11。

分部分项工程和单价措施项目清单与计价表 表 2-11

工程名称：某办公楼室内消防给水工程

序号	项目编号	项目名称	项目特征描述	计量单位	工程量	金额(元)	
						综合单价	合价
		分部分项工程					
1	030901002001	消火栓钢管	1. 安装部位：室内； 2. 材质、规格：镀锌钢管 *DN*100； 3. 连接形式：沟槽连接； 4. 压力试验：水压试验	m	183.50		
2	030901002002	消火栓钢管	1. 安装部位：室内； 2. 材质、规格：镀锌钢管 *DN*65； 3. 连接形式：沟槽连接； 4. 压力试验：水压试验	m	8.40		
3	030901002003	消火栓钢管	1. 安装部位：室内； 2. 材质、规格：镀锌钢管 *DN*32； 3. 连接形式：螺纹连接； 4. 压力试验：水压试验	m	0.30		
4	030901010001	室内消火栓	1. 安装方式：明装； 2. 型号、规格：*DN*65； 3. 附件材质、规格：水龙带、水枪、消火栓箱	套	12		
5	03B003	沟槽管件	1. 名称：沟槽弯头 90°； 2. 规格：*DN*100	个	16		
6	03B004	沟槽管件	1. 名称：沟槽弯头 90°； 2. 规格：*DN*65	个	12		
7	03B005	沟槽管件	1. 名称：沟槽三通； 2. 规格：*DN*100	个	6		
8	03B006	沟槽管件	1. 名称：沟槽三通； 2. 规格：*DN*100×65	个	12		
9	03B007	沟槽管件	1. 名称：沟槽三通； 2. 规格：*DN*100×40	个	2		
10	031002001001	管道支架	1. 材质：钢制	kg	110.16		
11	031002003001	套管	1. 名称、类型：穿楼板； 2. 材质：钢制； 3. 规格：*DN*100	个	12		
12	031002003002	套管	1. 名称、类型：穿墙； 2. 材质：钢制； 3. 规格：*DN*65	个	12		
13	03B001	预留孔洞	1. 名称：预留楼板孔洞； 2. 规格：*DN*100	个	12		

续表

序号	项目编号	项目名称	项目特征描述	计量单位	工程量	金额(元)	
						综合单价	合价
14	03B002	预留孔洞	1. 名称：预留墙体孔洞； 2. 规格：*DN*65	个	12		
15	031003003001	阀门	1. 类型：蝶阀； 2. 材质：钢制； 3. 型号：D71J-16； 4. 规格、压力等级：*DN*100、16MPa	个	13		
16	031003001001	螺纹阀门	1. 类型：闸阀； 2. 材质：钢制； 3. 连接形式：螺纹连接； 4. 规格：*DN*32	个	2		
17	031201003001	金属结构刷油	1. 除锈级别：轻锈； 2. 油漆品种：防锈漆； 3. 结构类型：一般钢结构； 4. 涂刷遍数：防锈漆2遍	kg	83.09		
18	031201003002	金属结构刷油	1. 除锈级别：轻锈； 2. 油漆品种：防锈漆、调合漆； 3. 结构类型：一般钢结构； 4. 涂刷遍数：防锈漆2遍，调合漆2遍	kg	27.07		
19	031208002001	管道绝热	1. 绝热材料品种：橡塑管壳； 2. 绝热厚度：20mm； 3. 管道外径：108mm	m^3	0.31		
20	031208007001	防潮层、保护层	1. 材料：玻璃布； 2. 层数：一层； 3. 对象：管道	m^2	17.48		
分部小计							
		单价措施项目					
21	031301017001	脚手架搭拆	第九册脚手架搭拆	项	1		
22	031301017002	脚手架搭拆	第十册脚手架搭拆	项	1		
23	031301017003	脚手架搭拆	第十二册刷油脚手架搭拆	项	1		
24	031301017004	脚手架搭拆	第十二册绝热脚手架搭拆	项	1		
分部小计							

2.3.3 编制总价措施项目清单

总价措施项目清单依据《建设工程工程量清单计价规范》GB 50500—2013和《通用安装工程工程量计算规范》GB 50856—2013有关规定及施工现场情况、工程特点、常规施工方案等编制。本消防工程总价措施项目清单与计价表见表2-12。

总价措施项目清单与计价表　　表2-12

工程名称：某办公楼室内消防给水工程

序号	项目编码	项目名称	计算基础	费率（%）	金额（元）
1	031302001001	安全文明施工费			
1.1		安全文明施工与环境保护费			
1.2		临时设施费			
2	031302005001	雨季施工增加费			
3	031302006001	已完工程及设备保护费			
4	031302004001	二次搬运费			

2.3.4　编制其他项目清单

其他项目清单依据《建设工程工程量清单计价规范》GB 50500—2013相关规定及国家、省级、行业建设主管部门颁发的计价依据和办法编制。

本消防工程其他项目清单依据《建设工程工程量清单计价规范》GB 50856—2013和2017年《内蒙古自治区建设工程费用定额》编制，结果见表2-13。

其他项目清单表与计价表　　表2-13

工程名称：某办公楼室内消防给水工程

序号	项目名称	计量单位	金额(元)	备注
1	检验试验费	项		
合　计				

2.3.5　编制规费、税金项目清单

规费、税金项目清单依据《建设工程工程量清单计价规范》GB 50500—2013相关规定及国家相关法律法规编制。本消防工程规费、税金项目清单与计价表见表2-14。

规费、税金项目清单与计价表　　表2-14

工程名称：某办公楼室内消防给水工程

序号	项目名称	计算基础	费率(%)	金额(元)
1	规费	按费用定额规定计算		
1.1	社会保险费	按费用定额规定计算		
1.1.1	基本医疗保险	人工费×费率		
1.1.2	工伤保险	人工费×费率		
1.1.3	生育保险	人工费×费率		
1.1.4	养老失业保险	人工费×费率		
1.2	住房公积金	人工费×费率		
1.3	水利建设基金	人工费×费率		
1.4	环保税	按实计取		
2	税金	税前工程造价×税率		

2.3.6 填写总说明

总说明主要填写工程概况、招标范围及工程量清单编制的依据及有关问题说明。本消防工程工程量清单总说明见表 2-15。

总说明　　表 2-15

工程名称：某办公楼室内消防给水工程

总说明

1. 工程概况

本工程为某办公楼室内消防给水工程消火栓系统，地上三层，建筑面积为 2079m^2，每层设有 4 个消火栓。室内消火栓系统采用临时高压系统。消火栓按规范要求安装于各楼层，保证同层的 2 个消火栓的水枪充实水柱同时到达被保护范围的任何部位，充实水柱不小于 10m，消火栓为 SN65 单栓，消火栓做法见 12S4-12。消火栓栓口距地面 1.1m。消火栓管道采用热浸锌镀锌钢管，$DN\leqslant50$ 采用螺纹连接，$DN>50$ 采用沟槽连接。消火栓系统的阀门采用蝶阀 D71J-16，泄水阀采用 $DN32$ 闸阀。

2. 工程范围

办公楼室内消防给水工程。

3. 工程量清单的编制依据

(1)《建设工程工程量清单计价规范》GB 50500—2013 和《通用安装工程工程量计算规范》GB 50856—2013；

(2)内蒙古自治区建设行政主管部门 2017 年颁发的《内蒙古自治区通用安装工程预算定额》：第九册《消防设备安装工程》、第十册《给排水、采暖、燃气工程》、第十二册《刷油、防腐蚀、绝热工程》；

(3)该消防工程施工图纸；

(4)该消防工程招标文件；

(5)2020 年第 5 期《呼和浩特市工程造价信息》发布的材料价格；

(6)该消防工程招标文件；

(7)施工现场情况、工程特点及常规施工方案。

2.3.7 填写扉页

工程量清单扉页采用《建设工程工程量清单计价规范》GB 50500—2013 中统一格式，扉页必须按要求填写，并签字、盖章。本消防工程工程招标工程量清单扉页见表 2-16。

招标工程量清单扉页　　表 2-16

工程名称：某办公楼室内消防给水工程

某办公楼室内消防给水 工程

招标工程量清单

招 标 人：________________
（单位盖章）

造价咨询人：________________
（单位资质专用章）

法定代表人
或其授权人：________________
（签字或盖章）

法定代表人
或其授权人：________________
（签字或盖章）

编 制 人：________________
（造价人员签字盖专用章）

复 核 人：________________
（造价工程师签字盖专用章）

编制时间： 年 月 日　　复核时间： 年 月 日

2.3.8 填写封面

招标工程量清单封面采用《建设工程工程量清单计价规范》GB 50500—2013中的统一格式，封面必须按要求填写，并签字、盖章。本消防工程招标工程量清单封面见表 2-17。

招标工程量清单封面　　表 2-17

工程名称：某办公楼室内消防给水工程

某办公楼室内消防给水　工程

招标工程量清单

招　标　人：________________

（单位盖章）

造价咨询人：________________

（单位资质专用章）

年　月　日

2.3.9 装订

招标工程量清单按图 2-6 的顺序装订。

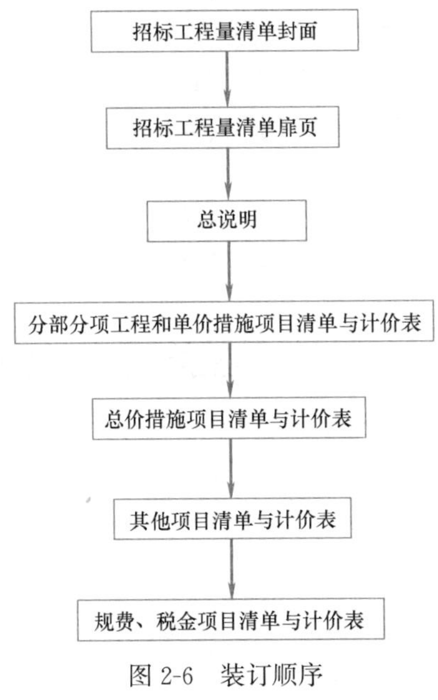

图 2-6 装订顺序

任务 3 招标控制价编制

3.1 实训目的

通过本次实训，培养学生具备如下能力：

(1) 能识读室内消防给水工程施工图纸；

(2) 能根据计算规则计算室内消防给水工程工程量；

(3) 能正确计算室内消防给水工程分部分项工程量；

(4) 能正确计算室内消防给水工程措施项目费；

(5) 能正确计算室内消防给水工程其他项目费；

(6) 能正确计算室内消防给水工程规费与税金；

(7) 能正确计算室内消防给水工程招标控制价。

3.2 实训内容

(1) 计算计价（定额）工程量；

(2) 计算分部分项工程费及单价措施项目费；

(3) 计算措施项目费；

(4) 计算其他项目费；

(5) 计算规费与税金；

（6）计算招标控制价。

3.3 实训步骤与指导

3.3.1 计算分部分项工程和单价措施项目费

1. 计算每个清单的计价（定额）工程量

清单的计价工程量按照《通用安装工程工程量计算规范》GB 50856—2013 规定的计算规则计算。根据施工图计算本室内消防给水工程每个清单的计价工程量，计算方法同表 2-10，计算结果见表 2-18。

计价工程量计算书　　表 2-18

工程名称：某办公楼室内消防给水工程

序号	项目名称	单位	工程量计算公式	工程量
030901010001	消火栓	套	同表 2-10	12
030901002001	*DN*100 热镀锌钢管(地沟内)	m	同表 2-10	183.50
030901002002	*DN*65 热镀锌钢管(支管)	m	同表 2-10	8.40
030901002003	*DN*32 热镀锌钢管泄水管(地沟内)	m	同表 2-10	0.30
031002001001	管道支架	kg	同表 2-10	110.16
03B003	*DN*100 沟槽 90°弯头	个	同表 2-10	16
03B004	*DN*65 沟槽 90°弯头	个	同表 2-10	12
03B005	*DN*100×100 沟槽三通	个	同表 2-10	6
03B006	*DN*100×65 沟槽三通	个	同表 2-10	12
03B007	*DN*100×40 沟槽三通泄水	个	同表 2-10	2
031003003001	*DN*100 D71J-16 蝶阀	个	同表 2-10	13
031003001001	*DN*32 闸阀 泄水阀	个	同表 2-10	2
031002003001	*DN*100 穿楼板套管	个	同表 2-10	12
031002003002	*DN*65 穿墙套管	个	同表 2-10	12
03B001	*DN*100 穿楼板预留孔洞	个	同表 2-10	12
03B002	*DN*65 穿墙预留孔洞	个	同表 2-10	12
031201003001	金属结构刷油(暗装)	kg	同表 2-10	83.09
	手工除一般钢结构轻锈	kg	暗装支架的重量	83.09
	一般钢结构刷红丹防锈漆第一遍	kg	暗装支架的重量	83.09
	一般钢结构刷红丹防锈漆增一遍	kg	暗装支架的重量	83.09
031201003002	金属结构刷油(明装)	kg	同表 2-10	27.07
	手工除一般钢结构轻锈	kg	明装支架的重量	27.07
	一般钢结构刷红丹防锈漆第一遍	kg	明装支架的重量	27.07

续表

序号	项目名称	单位	工程量计算公式	工程量
	一般钢结构刷红丹防锈漆增一遍	kg	明装支架的重量	27.07
031208002001	20mm 橡塑管壳安装	m^3	同表 2-10	0.31
031208007001	管道玻璃丝布防潮层、保护层安装	m^2	同表 2-10	17.48

2. 计算综合单价

主要材料价格参照 2020 年《呼和浩特市工程造价信息》第 5 期，主要材料价格见表 2-19。根据 2017 年《内蒙古自治区通用安装工程预算定额》分析综合单价，结果见 2-20 分部分项工程和单价措施项目综合单价分析表。

主要材料价格 表 2-19

工程名称：某办公楼室内消防给水工程

序号	名称	单位	单价(元)
1	型钢(综合)	kg	3.51
2	热轧厚钢板 δ12～20	kg	3.51
3	焊接钢管综合	kg	3.91
4	焊接钢管 *DN*100	m	41.88
5	焊接钢管 *DN*150	m	68.75
6	电	kW·h	0.61
7	水	m^3	5.46
8	橡塑管壳	m^3	568.00
9	钢管 *DN*100	m	49.80
10	镀锌钢管 *DN*65	m	31.54
11	镀锌钢管 *DN*32	m	14.87
12	沟槽管件 *DN*100 正三通	套	31.06
13	沟槽管件 *DN*100 弯头	套	17.75
14	沟槽管件 *DN*100×65 三通	套	30.32
15	沟槽管件 *DN*100×40 三通	套	27.89
16	沟槽管件 *DN*65 90°弯头	套	9.76
17	沟槽阀门 *DN*100	个	100.28
18	螺纹阀门 *DN*32 闸阀	个	26.62
19	室内消火栓 *DN*65	套	720.00
20	柴油	kg	5.40
21	电	kW·h	0.61

分部分项工程和单价措施项目综合单价分析表

表 2-20

工程名称：某办公楼消防工程

序号	项目编码	子目名称	单位	工程量	综合单价组成(元)					金额(元)		
					人工费	材料费	机械费	管理费	利润	综合单价	合价	其中:人工费
1	030901002001	消火栓钢管	m	183.50	23.36	54.21	0.36	4.67	3.74	86.34	15843.39	4286.56
	a9-18	水喷淋钢管(沟槽连接)管道安装 公称直径(100mm 以内)	m	183.50	23.36	54.21	0.36	4.67	3.74	86.34		
2	030901002002	消火栓钢管	m	8.40	19.70	29.13	0.26	3.94	3.15	56.19	472.01	165.48
	a9-16	水喷淋钢管(沟槽连接)管道安装 公称直径(65mm 以内)	m	8.40	19.70	29.13	0.26	3.94	3.15	56.19		
3	030901002003	消火栓钢管	m	0.30	21.73	17.87	0.47	4.33	3.47	47.87	14.36	6.52
	a9-2	水喷淋镀锌钢管(螺纹连接)管道安装 公称直径(32mm 以内)	m	0.30	21.73	17.87	0.47	4.33	3.47	47.87		
4	030901010001	室内消火栓	套	12	85.48	723.54	0.26	17.10	13.68	840.05	10080.64	1025.76
	a9-79	室内消火栓(明装)普通单栓 公称直径(65mm 以内)	套	12	85.48	723.54	0.26	17.10	13.68	840.05		
5	03B003	沟槽管件	个	16	25.48	18.00	2.09	5.10	4.08	54.75	875.98	407.68
	a9-26	水喷淋钢管(沟槽连接)管件安装 公称直径(100mm 以内)90°弯头	个	16	25.48	18.00	2.09	5.10	4.08	54.75		
6	03B004	沟槽管件	个	12	19.93	9.93	1.56	3.99	3.19	38.60	463.24	239.16
	a9-24	水喷淋钢管(沟槽连接)管件安装 公称直径(65mm 以内)90°弯头	个	12	19.93	9.93	1.56	3.99	3.19	38.60		
7	03B005	沟槽管件	个	6	25.48	31.38	2.09	5.10	4.08	68.13	408.75	152.88

续表

序号	项目编码	子目名称	单位	工程量	综合单价组成(元)					金额(元)		
					人工费	材料费	机械费	管理费	利润	综合单价	合价	其中:人工费
	a9-26	水喷淋钢管(沟槽连接)管件安装 公称直径(100mm以内)正三通	个	6	25.48	31.38	2.09	5.10	4.08	68.13		
8	03B006	沟槽管件	个	12	25.48	30.64	2.09	5.10	4.08	67.38	808.60	305.76
	a9-26	水喷淋钢管(沟槽连接)管件安装 公称直径(100mm以内)$DN100\times65$三通	个	12	25.48	30.64	2.09	5.10	4.08	67.38		
9	03B007	沟槽管件	个	2	25.48	28.20	2.09	5.09	4.08	64.94	129.89	50.96
	a9-26	水喷淋钢管(沟槽连接)管件安装 公称直径(100mm以内)$DN100\times40$三通	个	2	25.48	28.20	2.09	5.09	4.08	64.94		
		第九册小计										6640.76
10	031002001001	管道支架	kg	110.16	6.95	5.34	2.68	1.39	1.11	17.48	1925.82	765.61
	a10-1837	管道支架制作 单件重量(5kg以内)	kg	110.16	4.52	4.25	1.53	0.90	0.72	11.93		
	a10-1842	管道支架安装 单件重量(5kg以内)	kg	110.16	2.43	1.10	1.15	0.49	0.39	5.56		
11	031002003001	套管	个	12	27.00	39.85	0.88	5.40	4.32	77.45	929.40	324.00
	a10-1866	一般钢套管制安 介质管道公称直径(100mm以内)	个	12	27.00	39.85	0.88	5.40	4.32	77.45		
12	031002003002	套管	个	12	14.94	21.93	0.61	2.99	2.39	42.86	514.30	179.28
	a10-1864	一般钢套管制安 介质管道公称直径(65mm以内)	个	12	14.94	21.93	0.61	2.99	2.39	42.86		
13	03B001	预留孔洞	个	12	4.75	2.06	0.09	0.95	0.76	8.61	103.30	57.00

续表

序号	项目编码	子目名称	单位	工程量	综合单价组成(元)					金额(元)		
					人工费	材料费	机械费	管理费	利润	综合单价	合价	其中:人工费
	a10-2016	混凝土楼板预留孔洞 公称直径(100mm 以内)	个	12	4.75	2.06	0.09	0.95	0.76	8.61		
14	03B002	预留孔洞	个	12	5.23	2.91		1.04	0.84	10.02	120.28	62.76
	a10-2025	混凝土墙体预留孔洞 公称直径(65mm 以内)	个	12	5.23	2.91		1.04	0.84	10.02		
15	031003003001	阀门	个	13	50.44	140.66	7.55	10.09	8.07	216.81	2818.50	655.72
	a10-961	沟槽阀门安装 公称直径(100mm 以内)蝶阀	个	13	50.44	140.66	7.55	10.09	8.07	216.81		
16	031003001001	螺纹阀门	个	2	11.60	36.73	1.33	2.32	1.85	53.84	107.67	23.20
	a10-848	螺纹阀门安装 公称直径(32mm 以内)闸阀	个	2	11.60	36.73	1.33	2.32	1.85	53.84		
		第十册小计										2067.57
17	031201003001	金属结构刷油	kg	83.09	0.81	0.19	0.18	0.16	0.13	1.47	122.23	67.30
	a12-5	手工除一般钢结构轻锈	kg	83.09	0.35	0.02	0.09	0.07	0.06	0.58		
	a12-107	一般钢结构刷红丹防锈漆　第一遍	kg	83.09	0.24	0.09	0.04	0.05	0.04	0.46		
	a12-108	一般钢结构刷红丹防锈漆　增一遍	kg	83.09	0.23	0.08	0.04	0.05	0.04	0.43		
18	031201003002	金属结构刷油	kg	27.07	1.26	0.34	0.18	0.25	0.20	2.23	60.42	34.11
	a12-5	手工除一般钢结构轻锈	kg	27.07	0.35	0.02	0.09	0.07	0.06	0.58		
	a12-107	一般钢结构刷红丹防锈漆　第一遍	kg	27.07	0.24	0.09	0.04	0.05	0.04	0.46		
	a12-108	一般钢结构刷红丹防锈漆　增一遍	kg	27.07	0.23	0.08	0.04	0.05	0.04	0.43		

续表

序号	项目编码	子目名称	单位	工程量	综合单价组成(元)					金额(元)		
					人工费	材料费	机械费	管理费	利润	综合单价	合价	其中:人工费
	a12-116	一般钢结构刷调合漆　第一遍	kg	27.07	0.23	0.08		0.05	0.04	0.39		
	a12-117	一般钢结构刷调合漆　增一遍	kg	27.07	0.23	0.07		0.05	0.04	0.38		
		第十二册刷油小计										101.41
19	031208002001	管道绝热	m^3	0.31	390.29	624.52		78.06	62.45	1155.32	358.15	120.99
	a12-1029	管道(*DN*125mm 以内)橡塑管壳安装	m^3	0.31	390.29	624.52		78.06	62.45	1155.32		
20	031208007001	防潮层、保护层	m^2	17.48	3.94	1.21		0.79	0.63	6.57	114.91	68.87
	a12-1066	管道玻璃丝布防潮层、保护层安装	m^2	17.48	3.94	1.21		0.79	0.63	6.57		
		第十二册绝热小计										189.86
21	031301017001	脚手架搭拆	项	1	116.21	215.82		23.24	18.59	373.87	373.87	116.21
	a9-f1	脚手架搭拆费	%	5	116.21	215.82		23.24	18.59	373.87		
22	031301017002	脚手架搭拆	项	1	36.18	67.20		7.24	5.79	116.40	116.40	36.18
	a10-f1	脚手架搭拆费	%	5	36.18	67.20		7.24	5.79	116.40		
23	031301017003	脚手架搭拆	项	1	2.48	4.61		0.50	0.40	7.99	7.99	2.48
	a12-f1	脚手架搭拆费(刷油防腐)	%	7	2.48	4.61		0.50	0.40	7.99		
24	031301017004	脚手架搭拆	项	1	6.65	12.34		1.33	1.06	21.38	21.38	6.65
	a12-f2	脚手架搭拆费(绝热)	%	10	6.65	12.34		1.33	1.06	21.38		
合　计											36791	

3. 计算分部分项工程和单价措施项目费

分部分项工程和单价措施项目费计算结果见表2-21。

分部分项工程和单价措施项目清单与计价表　　表2-21

工程名称：某办公楼室内消防给水工程

序号	项目编号	项目名称	项目特征描述	计量单位	工程量	金额(元)		
						综合单价	合价	其中：人工费
		分部分项工程						
1	030901002001	消火栓钢管	1. 安装部位：室内； 2. 材质、规格：镀锌钢管DN100； 3. 连接形式：沟槽连接； 4. 压力试验：水压试验	m	183.50	86.34	15843.39	4286.56
2	030901002002	消火栓钢管	1. 安装部位：室内； 2. 材质、规格：镀锌钢管DN65； 3. 连接形式：沟槽连接； 4. 压力试验：水压试验	m	8.40	56.19	472.00	165.48
3	030901002003	消火栓钢管	1. 安装部位：室内； 2. 材质、规格：镀锌钢管DN32； 3. 连接形式：螺纹连接； 4. 压力试验：水压试验	m	0.30	47.87	14.36	6.52
4	030901010001	室内消火栓	1. 安装方式：明装； 2. 型号、规格：DN65； 3. 附件材质、规格：水龙带、水枪、消火栓箱	套	12	840.05	10080.60	1025.76
5	03B003	沟槽管件	1. 名称：沟槽弯头90°； 2. 规格：DN100	个	16	54.75	876.00	407.68
6	03B004	沟槽管件	1. 名称：沟槽弯头90°； 2. 规格：DN65	个	12	38.60	463.20	239.16
7	03B005	沟槽管件	1. 名称：沟槽三通； 2. 规格：DN100	个	6	68.13	408.78	152.88
8	03B006	沟槽管件	1. 名称：沟槽三通； 2. 规格：DN100×65	个	12	67.38	808.56	305.76
9	03B007	沟槽管件	1. 名称：沟槽三通； 2. 规格：DN100×40	个	2	64.94	129.88	50.96
10	031002001001	管道支架	1. 材质：钢制	kg	110.16	17.48	1925.60	765.61
11	031002003001	套管	1. 名称、类型：穿楼板； 2. 材质：钢制； 3. 规格：DN100	个	12	77.45	929.40	324.00
12	031002003002	套管	1. 名称、类型：穿墙； 2. 材质：钢制； 3. 规格：DN65	个	12	42.86	514.32	179.28

续表

序号	项目编号	项目名称	项目特征描述	计量单位	工程量	金额(元)		
						综合单价	合价	其中：人工费
13	03B001	预留孔洞	1. 名称：预留楼板孔洞； 2. 规格：DN100	个	12	8.61	103.32	57.00
14	03B002	预留孔洞	1. 名称：预留墙体孔洞； 2. 规格：DN65	个	12	10.02	120.24	62.76
15	031003003001	阀门	1. 类型：蝶阀； 2. 材质：钢制； 3. 型号：D71J-16； 4. 规格、压力等级：DN100、16MPa	个	13	216.81	2818.53	655.72
16	031003001001	螺纹阀门	1. 类型：闸阀； 2. 材质：钢制； 3. 连接形式：螺纹连接； 4. 规格：DN32	个	2	53.84	107.68	23.20
17	031201003001	金属结构刷油	1. 除锈级别：轻锈； 2. 油漆品种：防锈漆； 3. 结构类型：一般钢结构； 4. 涂刷遍数：防锈漆 2 遍	kg	83.09	1.47	122.14	67.30
18	031201003002	金属结构刷油	1. 除锈级别：轻锈； 2. 油漆品种：防锈漆、调合漆； 3. 结构类型：一般钢结构； 4. 涂刷遍数：防锈漆 2 遍，调和漆 2 遍	kg	27.07	2.23	60.37	34.11
19	031208002001	管道绝热	1. 绝热材料品种：橡塑管壳； 2. 绝热厚度：20mm； 3. 管道外径：108mm	m^3	0.31	1155.32	358.15	120.99
20	031208007001	防潮层、保护层	1. 材料：玻璃布； 2. 层数：一层； 3. 对象：管道	m^2	17.48	6.57	114.84	68.87
分部小计							36271.36	8999.60
		单价措施项目						
21	031301017001	脚手架搭拆	第九册脚手架搭拆	项	1	373.87	373.87	116.21
22	031301017002	脚手架搭拆	第十册脚手架搭拆	项	1	116.40	116.40	36.18
23	031301017003	脚手架搭拆	第十二册刷油脚手架搭拆	项	1	7.99	7.99	2.48
24	031301017004	脚手架搭拆	第十二册绝热脚手架搭拆	项	1	21.38	21.38	6.65
分部小计							519.65	161.53
合计							36791.01	9161.13

3.3.2 计算总价措施项目费

根据招标工程量清单和常规施工方案，以及计价依据和计价办法分析总价措施项目费用，总价措施项目费按照《建设工程工程量清单计价规范》GB 50500—2013 附录的统一格式，填写在总价措施项目清单与计价表中。

总价措施项目费＝∑(人工费＋材料费＋机械费＋管理费＋利润)

其中：人工费＝(分部分项工程费中人工费＋单价措施项目费中人工费)×总价措施项目费费率×25%

材料费＋机械费＝(分部分项工程费中人工费＋单价措施项目费中人工费)×总价措施项目费费率×75%

管理费＝总价措施项目费中人工费×管理费费率

利润＝总价措施项目费中人工费×利润率

本消防工程总价措施项目费用依据 2017 年《内蒙古自治区建设工程费用定额》和计价办法分析计算。总价措施项目费各项费用计算结果见总价措施项目计价分析表 2-22，并将其中各项费用填入总价措施项目清单与计价表 2-23 中。

总价措施项目计价分析表　　表 2-22

工程名称：某办公楼室内消防给水工程

序号	编码	项目名称	费率（%）	人工费（元）	材料费机械费（元）	管理费（元）	利润（元）	合价（元）
1	031302001001	安全文明施工费	3	68.71	206.13	13.74	10.99	299.57
1.1		安全文明施工与环境保护费	2	45.81	137.42	9.16	7.33	199.71
1.2		临时设施费	1	22.90	68.71	4.58	3.66	99.86
2	031302005001	雨季施工增加费	0.5	11.45	34.35	2.29	1.83	49.93
3	031302006001	已完工程及设备保护费	0.8	18.32	54.97	3.66	2.93	79.89
4	031302004001	二次搬运费	0.01	0.23	0.69	0.05	0.04	1.00
合计				98.71				430.38

总价措施项目清单与计价表　　表 2-23

工程名称：某办公楼室内消防给水工程

序号	项目编码	项目名称	计算基础	费率(%)	金额(元)
1	031302001001	安全文明施工费	定额人工费	3	299.57
1.1		安全文明施工与环境保护费	定额人工费	2	199.71
1.2		临时设施费	定额人工费	1	99.86
2	031302005001	雨季施工增加费	定额人工费	0.5	49.93
3	031302006001	已完工程及设备保护费	定额人工费	0.8	79.89
4	031302004001	二次搬运费	定额人工费	0.01	1.00
合计					430.38

3.3.3 计算其他项目费

根据招标工程量其他项目清单和工程实际填写，按照《建设工程工程量清单计价规范》GB 50500—2013 相关规定，采用附录统一格式，填写在其他项目清单与计价表中。

本室内消防给水工程其他项目费（检验试验费）见表 2-24。

其他项目清单与计价表 **表 2-24**

工程名称：某办公楼室内消防给水工程

序号	项目名称	计量单位	金额(元)	备注
1	检验试验费	项	436.59	
合　计			436.59	

3.3.4 计算规费、税金

规费=(分部分项工程费及单价措施项目费中人工费+总价措施项目费中人工费)×规费费率

税金=(分部分项工程费+措施项目费+其他项目费+规费)×税率

规费、税金计算结果见表 2-25。

规费、税金项目清单与计价表 **表 2-25**

工程名称：某办公楼室内消防给水工程

序号	项 目 名 称	计算基础	费率(%)	金额(元)
1	规费	按费用定额规定计算	19	1759.37
1.1	社会保险费	按费用定额规定计算	14.9	1379.72
1.1.1	基本医疗保险	人工费×费率	3.7	342.61
1.1.2	工伤保险	人工费×费率	0.4	37.04
1.1.3	生育保险	人工费×费率	0.3	27.78
1.1.4	养老失业保险	人工费×费率	10.5	972.28
1.2	住房公积金	人工费×费率	3.7	342.61
1.3	水利建设基金	人工费×费率	0.4	37.04
1.4	环保税	按实计取		
2	税金	税前工程造价×税率	9	3547.56
合　计				5306.93

3.3.5 计算工程造价

单位工程招标控制价=分部分项工程费+措施项目费+其他项目费+规费+税金

本工程单位工程招标控制价见表 2-26。

单位工程招标控制价汇总表 表 2-26

工程名称：某办公楼室内消防给水工程

序号	汇总内容	金额(元)
1	分部分项工程及单价措施项目	36791.01
2	总价措施项目	430.38
2.1	其中:安全文明措施费	299.57
3	其他项目	436.59
3.1	其中:检验试验费	436.59
4	规费	1759.37
5	税金	3547.56
招标控制价合计=1+2+3+4+5		42964.91

3.3.6 填写总说明

总说明主要填写工程概况、招标范围及招标控制价编制的依据及有关问题说明。本消防工程招标控制价总说明见表 2-27。

总说明 表 2-27

工程名称：某办公楼室内消防给水工程

总说明

1. 工程概况

本工程为某办公楼室内消防给水工程消火栓系统，地上三层，建筑面积为 2079m^{2}，每层设有 4 个消火栓。室内消火栓系统采用临时高压系统。消火栓按规范要求安装于各楼层，保证同层 2 个消火栓的水枪充实水柱同时到达被保护范围的任何部位，充实水柱不小于 10m，消火栓为 SN65 单栓，消火栓做法见 12S4-12。消火栓栓口距地面 1.1m。消火栓管道采用热浸锌镀锌钢管，$DN\leqslant50$ 采用螺纹连接，$DN>50$ 采用沟槽连接。消火栓系统的阀门采用蝶阀 D71J-16，泄水阀采用 $DN32$ 闸阀。

2. 招标范围

办公楼室内消防给水工程。

3. 招标控制价的编制依据

(1)该室内消防给水工程施工图纸；

(2)内蒙古自治区建设行政主管部门 2017 年颁发的《内蒙古自治区通用安装工程预算定额》:第九册《消防设备安装工程》、第十册《给排水、采暖、燃气工程》、第十二册《刷油、防腐蚀、绝热工程》；

(3)本工程主要材料价格采用 2020 年《呼和浩特市工程造价信息》第 5 期发布的材料信息；

(4)《建设工程工程量清单计价规范》GB 50500—2013；

(5)内蒙古自治区建设行政主管部门 2017 年颁发的《内蒙古自治区建设工程费用定额》及现行的有关工程造价文件；

(6)该消防工程招标文件、招标工程量清单及其补充通知、答疑纪要；

(7)施工现场情况、工程特点及实际施工方案；

(8)其他相关资料。

3.3.7　填写招标控制价扉页

招标控制价扉页采用《建设工程工程量清单计价规范》GB 50500—2013 中的统一格式，扉页必须按要求填写，并签字、盖章。本消防工程招标控制价扉页见表 2-28。

招标控制价扉页　　表 2-28

工程名称：某办公楼室内消防给水工程

某办公楼室内消防给水　工程

招标控制价

招标控制价(小写)42965 元

(大写)肆万贰仟玖佰陆拾伍元整

招　标　人：________________（单位盖章）　　造价咨询人：________________（单位资质专用章）

法定代表人
或其授权人：________________（签字或盖章）　　法定代表人
或其授权人：________________（签字或盖章）

编　制　人：________________（造价人员签字盖专用章）　　复　核　人：________________（造价工程师签字盖专用章）

编制时间：　年　月　日　　复核时间：　年　月　日

3.3.8 填写封面

招标控制价封面采用《建设工程工程量清单计价规范》GB 50500—2013 附录中的统一格式，封面必须按要求填写，并签字、盖章。招标控制价封面的填写如表 2-29 所示。

招标控制价封面 表 2-29

工程名称：某办公楼室内消防给水工程

某办公楼室内消防给水工程 **招标控制价** 招　标　人：____________________ （单位盖章） 造价咨询人：____________________ （单位资质专用章） 年　月　日

3.3.9　装订

招标控制价按图 2-7 的顺序装订。

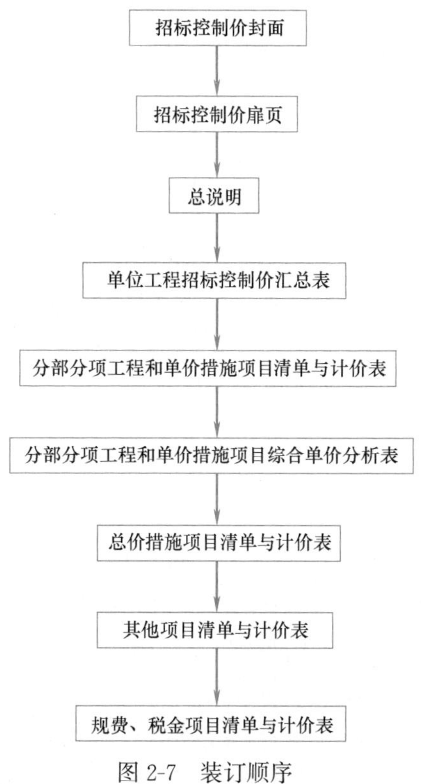

图 2-7　装订顺序

项目 3　庭院给水排水管道工程计量与计价

【项目实训目标】 庭院给水排水管道工程计价方式有定额计价和清单计价。学生通过本实训项目训练达到以下目标：

1. 能够编制庭院给水排水管道工程施工图预算；
2. 能够编制庭院给水排水管道工程工程量清单；
3. 能够编制庭院给水排水管道工程招标控制价、投标报价；
4. 能够编制庭院给水排水管道工程竣工结算。

工程案例：

某住宅小区室外给水排水管道工程，施工图如图 3-1～图 3-4 所示。该住宅小区室外给水排水管道工程施工图设计说明如下：

1. 设计依据为建设单位提供的建筑总平面图及初步设计图纸和设计任务书、《室外给水设计标准》GB 50013—2018、《室外排水设计标准》GB 50014—2021、《给水排水管道工程施工及验收规范》GB 50268—2008。
2. 给水管采用 PE 管，热熔连接；污水管采用 HDPE 双壁波纹管，粘接。
3. 给水管道上的阀门采用法兰闸阀，水表采用螺翼式法兰水表。
4. 给水管道安装完毕后对全系统进行强度试验，试验压力为 0.6MPa，给水管道竣工验收前应进行冲洗和消毒。
5. 阀门井做法见 12S2-32，水表井做法见 12S2-12。
6. 污水管道回填前应按照《给水排水管道工程施工及验收规范》GB 50268—2008 进行闭水试验。
7. 凡未说明部分均按《给水排水管道工程施工及验收规范》GB 50268—2008、《室外给水设计标准》GB 50013—2018 及《室外排水设计标准》GB 50014—2021 等有关规定施工。

项目 3
案例图纸

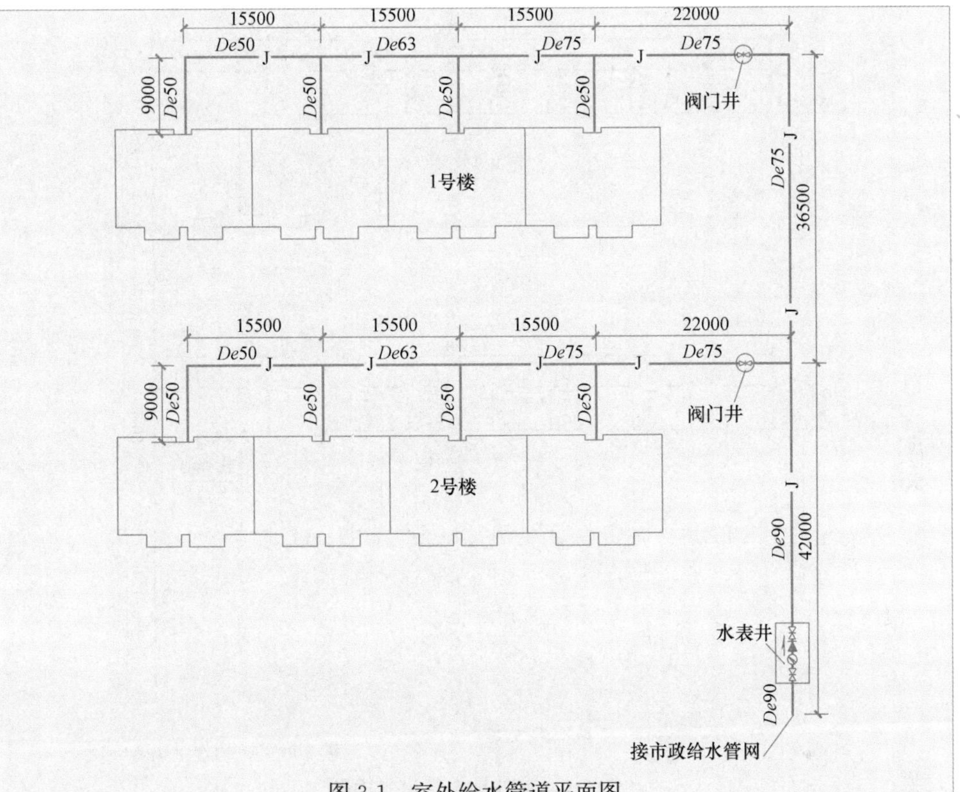

图 3-1　室外给水管道平面图

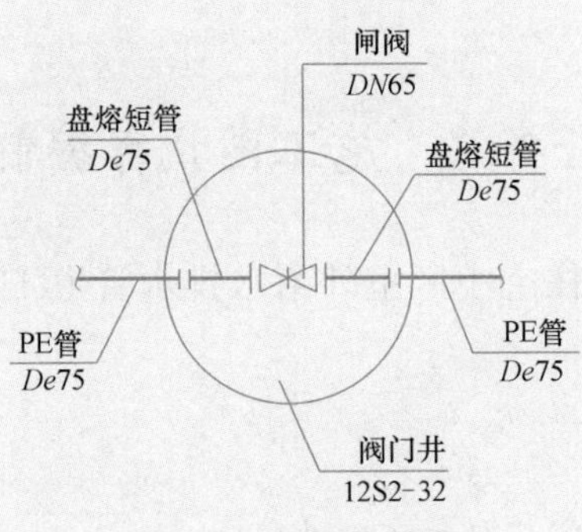

图 3-2　阀门井详图

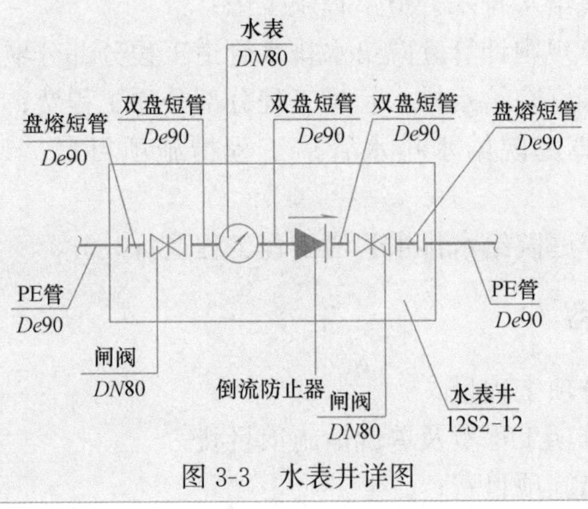

图 3-3　水表井详图

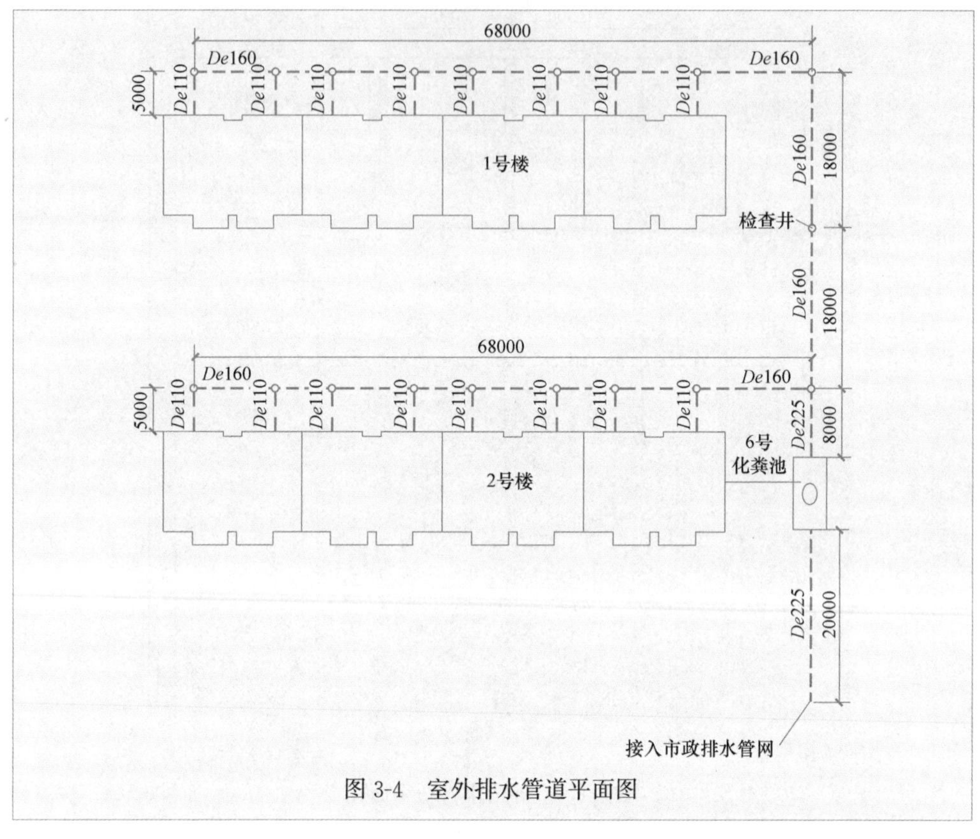

图 3-4 室外排水管道平面图

任务1 施工图预算编制

暂不考虑土方，编制住宅小区室外给水排水管道工程施工图 3-1～图 3-4 的预算。

1.1 实训目的

通过本次实训，学生应具备如下能力：

(1) 能识读庭院给水排水管道工程施工图；

(2) 能根据计算规则计算庭院给水排水管道工程分部分项工程量；

(3) 能正确计算庭院给水排水管道工程分部分项工程费；

(4) 能正确计算庭院给水排水管道工程措施项目费、其他项目费、规费、税金；

(5) 能正确计算庭院给水排水管道工程工程造价。

1.2 实训内容

(1) 计算分部分项工程量；

(2) 计算分部分项工程费及单价措施项目费；

(3) 计算总价措施项目费；

（4）计算其他项目费；

（5）计算规费；

（6）计算税金；

（7）计算工程造价。

1.3　实训步骤与指导

1.3.1　计算工程量

根据该住宅小区室外给水排水管道工程施工图纸计算工程量，如表3-1所示。

工程量计算书　　表3-1

工程名称：某住宅小区室外给水排水管道工程

序号	项目名称	单位	工程量计算公式	工程量
1	给水PE管			
	*De*50	m	距建筑物外墙皮1.5m的管道部分在室内管道中已计算，于是（9－1.5）×8＋15.5×2	91.00
	*De*63	m	15.5×2	31.00
	*De*75	m	15.5×2＋22×2＋36.5	111.50
	*De*90	m	42.00	42.00
2	给水PE管消毒冲洗			
	*De*50	m	同给水PE管安装工程量	91.00
	*De*63	m	同给水PE管安装工程量	31.00
	*De*75	m	同给水PE管安装工程量	111.50
	*De*90	m	同给水PE管安装工程量	42.00
3	*DN*65闸阀	个	1×2	2
4	*DN*80水表	组		1
5	排水HDPE双壁波纹管			
	*De*110	m	距建筑物外墙皮3m的管道部分在室内管道中已计算，于是(5－3)×16	32.00
	*De*160	m	68×2＋18×2	172.00
	*De*225	m	8＋20	28.00

1.3.2　计算分部分项工程费及单价措施项目费

分部分项工程费及单价措施项目费计算结果见表3-2。

工程预算表　　表3-2

工程名称：某住宅小区室外给水排水管道工程

序号	定额号	工程项目名称	单位	工程量	单价(元)	合价(元)	定额人工费(元)	
							单价	合价
1		分部分项工程				9414.32		4064.26

续表

序号	定额号	工程项目名称	单位	工程量	单价(元)	合价(元)	定额人工费(元)	
							单价	合价
2	a10-259	室外塑料给水管(热熔连接)安装 公称外径(50mm以内)	m	91.00	10.07	916.28	5.68	516.52
3	a10-260	室外塑料给水管(热熔连接)安装 公称外径(63mm以内)	m	31.00	12.41	384.71	6.23	193.04
4	a10-261	室外塑料给水管(热熔连接)安装 公称外径(75mm以内)	m	111.50	16.35	1823.47	6.49	723.75
5	a10-262	室外塑料给水管(热熔连接)安装 公称外径(90mm以内)	m	42.00	20.94	879.52	6.93	290.98
6	a10-1976	管道消毒、冲洗 公称直径(40mm以内)	m	91.00	0.58	52.33	0.40	35.95
7	a10-1977	管道消毒、冲洗 公称直径(50mm以内)	m	31.00	0.63	19.53	0.42	12.96
8	a10-1978	管道消毒、冲洗 公称直径(65mm以内)	m	111.50	0.77	85.97	0.49	54.97
9	a10-1979	管道消毒、冲洗 公称直径(80mm以内)	m	42.00	0.85	35.57	0.52	21.80
10	a10-884	法兰阀门安装 公称直径(65mm以内)	个	2	48.03	96.06	26.43	52.86
11	a10-1149	法兰水表组成安装(无旁通管) 公称直径(80mm以内)	组	1	1275.53	1275.53	177.85	177.85
12	a10-311	室外塑料排水管(粘接)安装 公称外径(110mm以内)	m	32.00	9.72	310.91	6.71	214.72
13	a10-312	室外塑料排水管(粘接)安装 公称外径(160mm以内)	m	172.00	16.49	2835.59	8.43	1449.96
14	a10-314	室外塑料排水管(粘接)安装 公称外径(250mm以内)	m	28.00	24.96	698.85	11.39	318.92
合计						9414.32		4064.26

1.3.3 计算总价措施项目费

根据计价依据和计价办法分析总价措施项目费用，各项结果见表 3-3。将计算结果填入总价措施项目计价表 3-4 中。

根据 2017 年内蒙古自治区计价依据，总价措施项目费按分部分项工程费中人工费和单价措施项目费中人工费之和乘以措施项目费费率并加上相应的管理费和利润求得。

例如表 3-4 中雨季施工增加费的计算过程如下：

雨季施工增加费（人工费＋材料费＋机械费）：4064.26×0.5％ ＝ 20.32 元

根据费用定额，雨季施工增加费中人工费占 25％，不含机上人工费。

则雨季施工增加费中的人工费：20.32×25％ ＝ 5.08 元

雨季施工增加费中的材料费、机械费：20.32×75％ ＝ 15.24 元

雨季施工增加费产生的管理费：5.08×20％ ＝ 1.02 元

雨季施工增加费产生的利润：5.08×16％ ＝ 0.81 元

故雨季施工增加费：5.08＋15.24＋1.02＋0.81 ＝ 22.15 元

总价措施项目计价分析表 **表 3-3**

工程名称：某住宅小区室外给水排水管道工程

序号	项目名称	费率（%）	人工费（元）	材料费 机械费（元）	管理费（元）	利润（元）	合价（元）
1	安全文明施工费	3	30.48	91.45	6.10	4.88	132.90
1.1	安全文明施工与环境保护费	2	20.32	60.96	4.06	3.25	88.60
1.2	临时设施费	1	10.16	30.48	2.03	1.63	44.30
2	雨季施工增加费	0.5	5.08	15.24	1.02	0.81	22.15
3	已完工程及设备保护费	0.8	8.13	24.39	1.63	1.30	35.44
4	二次搬运费	0.01	0.10	0.30	0.02	0.02	0.44
合计			43.79				190.93

总价措施项目计价表 **表 3-4**

工程名称：某住宅小区室外给水排水管道工程

序号	项目名称	计算基础	费率（%）	金额（元）
1	安全文明施工费	定额人工费	3	132.90
1.1	安全文明施工与环境保护费	定额人工费	2	88.60
1.2	临时设施费	定额人工费	1	44.30
2	雨季施工增加费	定额人工费	0.5	22.15
3	已完工程及设备保护费	定额人工费	0.8	35.44
4	二次搬运费	定额人工费	0.01	0.44
合计				190.93

1.3.4 计算材差、未计价主材费

材差、未计价主材费计算结果分别见表 3-5、表 3-6。

材料价差调整表　　表 3-5

工程名称：某住宅小区室外给水排水管道工程

序号	名称	单位	数量	定额价(元)	市场价(元)	价差(元)	价差合计(元)
1	热轧厚钢板δ8.0～15	kg	1.173	3.13	3.51	0.38	0.45
2	热轧厚钢板δ12～20	kg	1.170	2.62	3.51	0.89	1.04
3	电	kW·h	31.712	0.58	0.61	0.03	0.95
4	水	m^3	14.873	5.27	5.46	0.19	2.83
5	柴油	kg	36.366	6.39	5.40	−0.99	−36.00
6	电	kW·h	29.896	0.58	0.61	0.03	0.90
合　计							−29.84

单位工程未计价主材费表　　表 3-6

工程名称：某住宅小区室外给水排水管道工程

序号	工、料、机名称	单位	数量	定额价(元)	合价(元)
1	塑料给水管 *De*75PE 管	m	113.173	29.400	3327.29
2	塑料给水管 *De*50PE 管	m	92.820	15.660	1453.56
3	塑料给水管 *De*90PE 管	m	42.630	42.550	1813.91
4	塑料给水管 *De*63PE 管	m	31.620	24.620	778.48
5	塑料排水管 *De*160HDPE 双壁波纹管	m	170.796	119.290	20374.25
6	塑料排水管 *De*225HDPE 双壁波纹管	m	27.804	163.690	4551.24
7	塑料排水管 *De*50HDPE 双壁波纹管	m	31.776	63.290	2011.10
8	法兰阀门 *DN*65 闸阀	个	2.000	72.770	145.54
合　计					34455.37

1.3.5 计算规费、税金

规费：(4064.26＋43.79)×19%＝780.53 元

税金：(9414.32＋190.93＋34425.53＋780.53)×9%＝4033.02 元

规费、税金计算结果见表 3-7。

单位工程取费表　　表 3-7

工程名称：某住宅小区室外给水排水管道工程

序号	项目名称	计算公式或说明	费率(%)	金额
1	分部分项及单价措施项目	按规定计算		9414.32
2	总价措施项目	按费用定额规定计算		190.93
3	价差调整及主材	以下分项合计		34425.53

续表

序号	项目名称	计算公式或说明	费率(%)	金额
3.1	其中:单项材料调整	详见材料价差调整表		-29.84
3.2	其中:未计价主材费	定额未计价材料		34455.37
4	规费	按费用定额规定计算	19	780.53
5	税金	按费用定额规定计算	9	4033.02
6	工程造价	以上合计		48844

1.3.6 计算工程造价

工程造价=分部分项及单价措施项目费+总价措施项目费+价差调整及主材费+规费+税金

工程造价计算结果见表 3-7。

1.3.7 填写编制说明

编制说明主要内容有工程概况、编制依据等，如表 3-8 所示。

编制说明　　表 3-8

工程名称：某住宅小区室外给水排水管道工程

编制说明

1. 工程概况

给水管采用 PE 管,热熔连接;污水管采用 HDPE 双壁波纹管,粘接;给水管道上的阀门采用法兰闸阀,水表采用螺翼式法兰水表;给水管道安装完毕后对全系统进行强度试验,试验压力为 0.6MPa,给水管道竣工验收前应进行冲洗和消毒。

2. 编制范围

住宅小区室外给水排水管道工程。

3. 编制依据

(1)该住宅小区室外给水排水管道工程施工图纸;

(2)2017 年《内蒙古自治区建设工程费用定额》;

(3)2017 年《内蒙古自治区安装工程预算定额》第十册《给排水、采暖、燃气工程》;

(4)本工程主要材料采用 2020 年《呼和浩特市工程造价信息》第 5 期价格。

1.3.8 填写封面

封面按格式填写，见表 3-9。

封面　　表 3-9

工程名称：室外给水排水管道工程

工 程 预 算 书

工程名称：某住宅小区室外给水排水管道工程

建设单位：

施工单位：

工程造价：48844 元

造价大写：肆万捌仟捌佰肆拾肆元整

资格证章：

编制日期：

1.3.9 装订

施工图预算按图 3-5 的顺序装订：

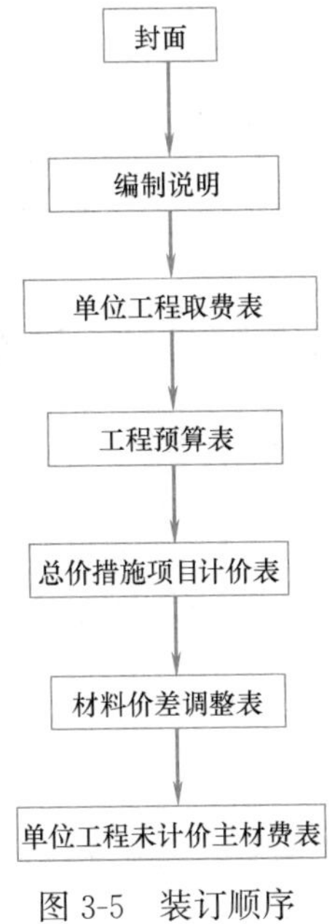

图 3-5 装订顺序

任务2 招标工程量清单编制

暂不考虑土方，以前述住宅小区室外给水排水管道工程施工图 3-1～图 3-4 为例编制工程量清单。

2.1 实训目的

通过本次实训，学生应具备如下能力：

（1）能识读庭院给水排水管道工程施工图；

（2）能根据《通用安装工程工程量计算规范》GB 50856—2013 计算庭院给水排水管道工程工程量；

（3）能正确编制庭院给水排水管道工程分部分项工程量清单；

（4）能正确编制庭院给水排水管道工程措施项目清单；

（5）能正确编制庭院给水排水管道工程其他项目清单；

（6）能正确编制庭院给水排水管道工程规费与税金项目清单。

2.2 实训内容

（1）计算清单工程量；

（2）编制分部分项工程及单价措施项目清单；

（3）编制总价措施项目清单；

（4）编制其他项目清单；

（5）编制规费与税金项目清单。

2.3 实训步骤与指导

2.3.1 计算清单工程量

清单工程量根据住宅小区室外给水排水管道工程施工图 3-1～图 3-4，依据《通用安装工程工程量计算规范》GB 50856—2013 中的工程量计算规则计算。

本住宅小区室外给水排水管道工程分部分项清单工程量计算结果见表 3-10。

清单工程量计算书　　表 3-10

工程名称：某住宅小区室外给水排水管道工程

序号	项目名称	单位	工程量计算公式	工程量
1	塑料管 *De*50	m	距建筑物外墙皮 1.5m 的管道部分在室内管道中已计算，于是(9－1.5)×8+15.5×2	91.00
2	塑料管 *De*63	m	15.5×2	31.00
3	塑料管 *De*75	m	15.5×2+22×2+36.5	111.50
4	塑料管 *De*90	m	42.00	42.00
5	闸阀 *DN*65	个	1×2	2
6	水表 *DN*80	组		1
7	塑料管 排水 HDPE 管 *De*160	m	68×2+18×2	172.00
8	塑料管 排水 HDPE 管 *De*110	m	距建筑物外墙皮 3m 的管道部分在室内管道中已计算，于是(5－3)×16	32.00
9	塑料管 排水 HDPE 管 *De*160	m	68×2+18×2	172.00
10	塑料管 排水 HDPE 管 *De*225	m	8+20	28.00

2.3.2 编制分部分项工程和单价措施项目清单

分部分项工程和单价措施项目清单依据《建设工程工程量清单计价规范》GB 50500—2013 和《通用安装工程工程量计算规范》GB 50856—2013 有关规定及相关的标准、规范等编制。本工程分部分项工程和单价措施项目清单与计价见表 3-11。

分部分项工程和单价措施项目清单与计价表 表 3-11

工程名称：某住宅小区室外给水排水管道工程

序号	项目编号	项目名称	项目特征描述	计量单位	工程量	金额(元)	
						综合单价	合价
		分部分项工程					
1	031001006001	塑料管 De50	1. 安装部位:室内; 2. 介质:给水; 3. 材质、规格:PE 管 De50; 4. 连接形式:热熔; 5. 压力试验及吹、洗设计要求:水压试验、消毒冲洗	m	91.00		
2	031001006002	塑料管 De63	1. 安装部位:室内; 2. 介质:给水; 3. 材质、规格:PE 管 De63; 4. 连接形式:热熔; 5. 压力试验及吹、洗设计要求:水压试验、消毒冲洗	m	31.00		
3	031001006003	塑料管 De75	1. 安装部位:室内; 2. 介质:给水; 3. 材质、规格:PE 管 De75; 4. 连接形式:热熔; 5. 压力试验及吹、洗设计要求:水压试验、消毒冲洗	m	111.50		
4	031001006004	塑料管 De90	1. 安装部位:室内; 2. 介质:给水; 3. 材质、规格:PE 管 De90; 4. 连接形式:热熔; 5. 压力试验及吹、洗设计要求:水压试验、消毒冲洗	m	42.00		
5	031003003001	焊接法兰阀门	1. 类型:闸阀; 2. 材质:钢制; 3. 规格:DN65; 4. 连接形式:法兰连接	个	2		
6	031003013001	水表	1. 安装部位(室内外):室内; 2. 规格:DN80; 3. 连接形式:法兰连接; 4. 附件配置:闸阀、止回阀	组	1		
7	031001006005	塑料管 De110	1. 安装部位:室内; 2. 介质:排水; 3. 材质、规格:HDPE 管 De110; 4. 连接形式:粘接; 5. 检验试验要求:灌水试验	m	32.00		
8	031001006006	塑料管 De160	1. 安装部位:室内; 2. 介质:排水; 3. 材质、规格:HDPE 管 De160; 4. 连接形式:粘接; 5. 检验试验要求:灌水试验	m	172.00		

续表

序号	项目编号	项目名称	项目特征描述	计量单位	工程量	金额(元)	
						综合单价	合价
9	031001006007	塑料管 *De*225	1. 安装部位：室内； 2. 介质：排水； 3. 材质、规格：HDPE 管 *De*225； 4. 连接形式：粘接； 5. 检验试验要求：灌水试验	m	28.00		

2.3.3 编制总价措施项目清单

总价措施项目清单依据《建设工程工程量清单计价规范》GB 50500—2013 和《通用安装工程工程量计算规范》GB 50856—2013 有关规定及施工现场情况、工程特点、常规施工方案等编制。本工程总价措施项目清单见表 3-12。

总价措施项目清单与计价表　　表 3-12

工程名称：某住宅小区室外给水排水管道工程

序号	项目编码	项 目 名 称	计算基础	费率(%)	金额(元)
1	031302001001	安全文明施工费			
1.1		安全文明施工与环境保护费			
1.2		临时设施费			
2	031302005001	雨季施工增加费			
3	031302006001	已完工程及设备保护费			
4	031302004001	二次搬运费			

2.3.4 编制规费、税金项目清单

规费、税金项目清单依据《建设工程工程量清单计价规范》GB 50500—2013 相关规定及国家相关法律法规编制。本室外给水排水管道工程规费、税金项目清单见表 3-13。

规费、税金项目清单与计价表　　表 3-13

工程名称：某住宅小区室外给水排水管道工程

序号	项目名称	计算基础	费率(%)	金额(元)
1	规费	按费用定额规定计算		
1.1	社会保险费	按费用定额规定计算		
1.1.1	基本医疗保险	人工费×费率		
1.1.2	工伤保险	人工费×费率		
1.1.3	生育保险	人工费×费率		
1.1.4	养老失业保险	人工费×费率		
1.2	住房公积金	人工费×费率		

续表

序号	项目名称	计算基础	费率(%)	金额(元)
1.3	水利建设基金	人工费×费率		
1.4	环保税	按实计取		
2	税金	税前工程造价×税率		

2.3.5　填写总说明

总说明主要填写工程概况、招标范围及工程量清单编制的依据及有关问题说明。本工程工程量清单总说明见表 3-14。

总说明　　表 3-14

工程名称：某住宅小区室外给水排水管道工程

总说明

1. 工程概况

给水管采用 PE 管，热熔连接；污水管采用 HDPE 双壁波纹管，粘接；给水管道上的阀门采用法兰闸阀，水表采用螺翼式法兰水表；给水管道安装完毕后对全系统进行强度试验，试验压力为 0.6MPa，给水管道竣工验收前应进行冲洗和消毒。

2. 招标范围

该住宅小区室外给水排水管道工程施工图纸范围内的内容。

3. 工程量清单的编制依据

(1)《建设工程工程量清单计价规范》GB 50500—2013 和《通用安装工程工程量计算规范》GB 50856—2013；

(2)2017 年《内蒙古自治区建设工程计价依据》；

(3)该住宅小区室外给水排水管道工程施工图纸；

(4)该住宅小区室外给水排水管道工程招标文件；

(5)施工现场情况、工程特点及常规施工方案；

(6)《室外给水设计标准》GB 50013—2018、《给水排水管道工程施工及验收规范》GB 50268—2008、《室外排水设计标准》GB 50014—2021；

(7)其他相关资料。

2.3.6 填写扉页

工程量清单扉页采用《建设工程工程量清单计价规范》GB 50500—2013 中的统一格式，扉页必须按要求填写，并签字、盖章。本工程工程量清单扉页见表 3-15。

招标工程量清单扉页　　表 3-15

工程名称：某住宅小区室外给水排水管道工程

某住宅小区室外给水排水管道 工程

招标工程量清单

招 标 人：________________（单位盖章）

造价咨询人：________________（单位资质专用章）

法定代表人
或其授权人：________________（签字或盖章）

法定代表人
或其授权人：________________（签字或盖章）

编 制 人：________________（造价人员签字盖专用章）

复 核 人：________________（造价工程师签字盖专用章）

编制时间：　年　月　日

复核时间：　年　月　日

2.3.7　填写封面

招标工程量清单封面采用《建设工程工程量清单计价规范》GB 50500—2013 中的统一格式，封面必须按要求填写，并签字、盖章。本工程招标工程量清单封面见表 3-16。

招标工程量清单封面　　表 3-16

工程名称：某住宅小区室外给水排水管道工程

某住宅小区室外给水排水管道　工程

招标工程量清单

招　标　人：＿＿＿＿＿＿＿＿＿＿＿＿

（单位盖章）

造价咨询人：＿＿＿＿＿＿＿＿＿＿＿＿

（单位资质专用章）

年　月　日

2.3.8 装订

招标工程量清单按图 3-6 的顺序装订。

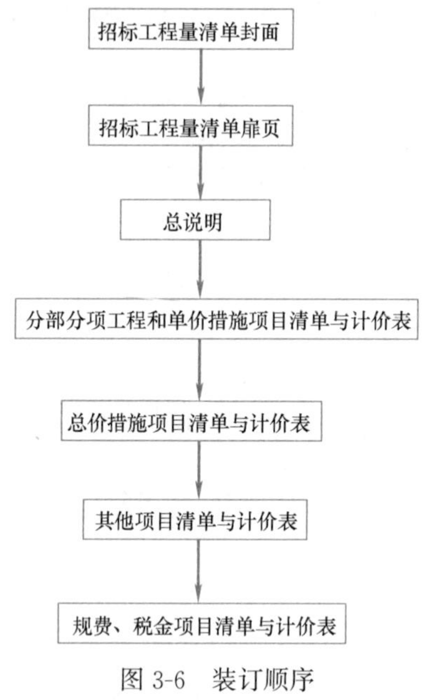

图 3-6 装订顺序

任务 3 招标控制价编制

以前述住宅小区室外给水排水管道工程施工图 3-1～图 3-4 为例编制招标控制价。

3.1 实训目的

通过本次实训，使学生具备如下能力：

(1) 能识读庭院给水排水管道工程施工图；

(2) 能根据计算规则计算庭院给水排水管道工程工程量；

(3) 能正确计算庭院给水排水管道工程分部分项工程费；

(4) 能正确计算庭院给水排水管道工程措施项目费；

(5) 能正确计算庭院给水排水管道工程其他项目费；

(6) 能正确计算庭院给水排水管道工程规费与税金；

(7) 能正确计算庭院给水排水管道工程招标控制价。

3.2 实训内容

(1) 计算计价工程量；

(2) 计算分部分项工程和单价措施项目综合单价；

(3) 计算分部分项工程和单价措施项目费；

(4) 计算总价措施项目费；

(5) 计算其他项目费;
(6) 计算规费与税金;
(7) 计算招标控制价。

3.3 实训步骤与指导

3.3.1 计算分部分项工程和单价措施项目费

1. 计算每个清单的计价工程量

根据该庭院给水排水管道工程施工图计算工程量,如表3-17所示。

计价工程量计算书 表3-17

工程名称:某住宅小区室外给水排水管道工程

项目编码	项目名称	单位	工程量计算公式	工程量
031001006001	塑料管 *De*50	m		91.00
	*De*50 PE管	m		91.00
	*De*50 消毒冲洗	m	同 *De*50 PE管安装	91.00
031001006002	塑料管 *De*63	m		31.00
	*De*63 PE管	m		31.00
	*De*63 消毒冲洗	m	同 *De*63 PE管安装	31.00
031001006003	塑料管 *De*75	m		111.50
	*De*75 PE管	m		111.50
	*De*75 消毒冲洗	m	同 *De*75 PE管安装	111.50
031001006004	塑料管 *De*90	m		42.00
	*De*90 PE管	m		42.00
	*De*90 消毒冲洗	m	同 *De*90 PE管安装	42.00
031003003001	焊接法兰阀门	个		2
	*DN*65 闸阀	个		2
031003013001	水表	组		1
	*DN*80 水表	组		1
031001006005	塑料管 *De*110HDPE管	m		32.00
	塑料管 *De*110HDPE管	m		32.00
031001006006	塑料管 *De*160HDPE管	m		172.00
	塑料管 *De*160HDPE管	m		172.00
031001006007	塑料管 *De*225HDPE管	m		28.00
	塑料管 *De*225HDPE管	m		28.00

2. 计算综合单价

主要材料价格参照2020年《呼和浩特市工程造价信息》第5期，价格如表3-18所示。

主要材料价格表　　表3-18

工程名称：某住宅小区室外给水排水管道工程

序号	名称	单位	单价
1	热轧厚钢板 δ8.0～15	kg	3.51
2	热轧厚钢板 δ12～20	kg	3.51
3	电	kW·h	0.61
4	水	m^3	5.46
5	塑料给水管 *De*90PE管	m	42.55
6	塑料给水管 *De*75PE管	m	29.40
7	塑料给水管 *De*63PE管	m	24.62
8	塑料给水管 *De*50PE管	m	15.66
9	塑料排水管 *De*50HDPE双壁波纹管	m	63.29
10	塑料排水管 *De*225HDPE双壁波纹管	m	163.69
11	塑料排水管 *De*160HDPE双壁波纹管	m	119.29
12	法兰阀门 *DN*65闸阀	个	72.77
13	柴油	kg	5.40
14	电	kW·h	0.61

根据计价工程量的项目及工程数量，按照2017年内蒙古自治区建设工程计价依据，分析综合单价，如表3-19所示。如序号为1的*De*50塑料管分析计算如下：

由该招标工程量清单的项目特征（表3-11）及计量规范的工程内容可知，该清单工作内容包括管道安装和消毒冲洗，根据2017年内蒙古自治区建设工程计价依据。

因为：完成1m *De*50塑料管清单所需管道安装的人工费为5.68元/m；

完成1m *De*50塑料管清单所需管道消毒冲洗的人工费为0.40元/m。

所以：完成1m *De*50塑料管清单项目所有工作内容所需的人工费为5.68+0.40=6.08元/m。

同理可计算：

完成1m *De*50塑料管清单项目所有工作内容所需的材料费为18.35元/m；

完成1m *De*50塑料管清单项目所有工作内容所需的机械费为0.02元/m；

完成1m *De*50塑料管清单项目所有工作内容产生的管理费为1.22元/m；

完成1m *De*50塑料管清单项目所有工作内容取得的利润为0.97元/m。

所以：*De*50塑料管清单项目的综合单价为6.08+18.35+0.02+1.22+0.97=26.64元/m。

表 3-19

分部分项工程和单价措施项目综合单价分析表

工程名称：某住宅小区室外给水排水管道工程

序号	项目编码	子目名称	单位	工程量	综合单价组成(元)					金额(元)	
					人工费	材料费	机械费	管理费	利润	综合单价	合价
1	031001006001	塑料管 *De*50	m	91.00	6.08	18.35	0.02	1.22	0.97	26.64	2424.24
	a10-259	室外塑料给水管(热熔连接)安装 公称外径(50mm 以内)	m	91.00	5.68	18.31	0.02	1.14	0.91	26.06	
	a10-1976	管道消毒、冲洗 公称直径(40mm 以内)	m	91.00	0.40	0.04		0.08	0.06	0.58	
2	031001006002	塑料管 *De*63	m	31.00	6.65	29.10	0.02	1.33	1.07	38.17	1183.27
	a10-260	室外塑料给水管(热熔连接)安装 公称外径(63mm 以内)	m	31.00	6.23	29.04	0.02	1.25	1.00	37.54	
	a10-1977	管道消毒、冲洗 公称直径(50mm 以内)	m	31.00	0.42	0.06		0.08	0.07	0.63	
3	031001006003	塑料管 *De*75	m	111.50	6.98	37.45	0.02	1.40	1.12	46.97	5237.16
	a10-261	室外塑料给水管(热熔连接)安装 公称外径(75mm 以内)	m	111.50	6.49	37.35	0.02	1.30	1.04	46.20	
	a10-1978	管道消毒、冲洗 公称直径(65mm 以内)	m	111.50	0.49	0.10		0.10	0.08	0.77	
4	031001006004	塑料管 *De*90	m	42.00	7.45	54.84	0.02	1.49	1.19	64.99	2729.58
	a10-262	室外塑料给水管(热熔连接)安装 公称外径(90mm 以内)	m	42.00	6.93	54.70	0.02	1.39	1.11	64.15	
	a10-1979	管道消毒、冲洗 公称直径(80mm 以内)	m	42.00	0.52	0.15		0.10	0.0	0.85	
5	031003003001	焊接法兰阀门	个	2	26.43	83.35	1.74	5.29	4.23	121.04	242.08
	a10-884	法兰阀门安装 公称直径(65mm 以内)	个	2	26.43	83.35	1.74	5.29	4.23	121.04	
6	031003013001	水表	组	1	177.85	1024.83	9.78	35.57	28.46	1276.49	1276.49
	a10-1149	法兰水表组成安装(无旁通管) 公称直径(80mm 以内)	组	1	177.85	1024.83	9.78	35.57	28.46	1276.49	
7	031001006005	塑料管 *De*110	m	32.00	6.71	63.43	0.01	1.34	1.07	72.56	2321.92
	a10-311	室外塑料排水管(粘接)安装 公称外径(110mm 以内)	m	32.00	6.71	63.43	0.01	1.34	1.07	72.56	
8	031001006006	塑料管 *De*160	m	172.00	8.43	119.52	3.80	1.69	1.35	134.79	23183.88
	a10-312	室外塑料排水管(粘接)安装 公称外径(160mm 以内)	m	172.00	8.43	119.52	3.80	1.69	1.35	134.79	
9	031001006007	塑料管 *De*225	m	28.00	11.39	164.91	6.82	2.28	1.82	187.22	5242.16
	a10-314	室外塑料排水管(粘接)安装 公称外径(250mm 以内)	m	28.00	11.39	164.91	6.82	2.28	1.82	187.22	
合　计											43841

3. 计算分部分项工程和单价措施项目费

本工程根据招标工程量清单、综合单价分析计算分部分项工程和单价措施项目费，计算结果见表 3-20。

分部分项工程和单价措施项目清单与计价表　　表 3-20

工程名称：某住宅小区室外给水排水管道工程

序号	项目编号	项目名称	项目特征描述	计量单位	工程量	金额(元)		
						综合单价	合价	其中：人工费
		分部分项工程						
1	031001006001	塑料管 *De*50	1. 安装部位：室内； 2. 介质：给水； 3. 材质、规格：PE 管 *De*50； 4. 连接形式：热熔； 5. 压力试验及吹、洗设计要求：水压试验、消毒冲洗	m	91.00	26.64	2424.24	553.28
2	031001006002	塑料管 *De*63	1. 安装部位：室内； 2. 介质：给水； 3. 材质、规格：PE 管 *De*63； 4. 连接形式：热熔； 5. 压力试验及吹、洗设计要求：水压试验、消毒冲洗	m	31.00	38.17	1183.27	206.15
3	031001006003	塑料管 *De*75	1. 安装部位：室内； 2. 介质：给水； 3. 材质、规格：PE 管 *De*75； 4. 连接形式：热熔； 5. 压力试验及吹、洗设计要求：水压试验、消毒冲洗	m	111.50	46.97	5237.16	778.27
4	031001006004	塑料管 *De*90	1. 安装部位：室内； 2. 介质：给水； 3. 材质、规格：PE 管 *De*90； 4. 连接形式：热熔； 5. 压力试验及吹、洗设计要求：水压试验、消毒冲洗	m	42.00	64.99	2729.58	312.90
5	031003003001	焊接法兰阀门	1. 类型：闸阀； 2. 材质：钢制； 3. 规格：*DN*65； 4. 连接形式：法兰连接	个	2	121.04	242.08	52.86

续表

序号	项目编号	项目名称	项目特征描述	计量单位	工程量	金额(元)		
						综合单价	合价	其中：人工费
6	031003013001	水表	1. 安装部位（室内外）：室内； 2. 规格：DN80； 3. 连接形式：法兰连接； 4. 附件配置：闸阀、止回阀	组	1	1276.49	1276.49	177.85
7	031001006005	塑料管 De110	1. 安装部位：室内； 2. 介质：排水； 3. 材质、规格：HDPE 管 De110； 4. 连接形式：粘接； 5. 检验试验要求：灌水试验	m	32.00	72.56	2321.92	214.72
8	031001006006	塑料管 De160	1. 安装部位：室内； 2. 介质：排水； 3. 材质、规格：HDPE 管 De160； 4. 连接形式：粘接； 5. 检验试验要求：灌水试验	m	172.00	134.79	23183.88	1449.96
9	031001006007	塑料管 De225	1. 安装部位：室内； 2. 介质：排水； 3. 材质、规格：HDPE 管 De225； 4. 连接形式：粘接； 5. 检验试验要求：灌水试验	m	28.00	187.22	5242.16	318.92
合计							43840.78	4064.91

3.3.2　计算总价措施费

根据招标工程量清单和常规施工方案，以及计价依据和计价办法分析总价措施项目费，见表 3-21，并将计算结果填入表 3-22 中。

总价措施项目计价分析表　　　　**表 3-21**

工程名称：某住宅小区室外给水排水管道工程

序号	编码	项目名称	费率（%）	人工费（元）	材料费机械费（元）	管理费（元）	利润（元）	合价（元）
1	031302001001	安全文明施工费	3	30.49	91.46	6.10	4.88	132.92
2		安全文明施工与环境保护费	2	20.32	60.97	4.06	3.25	88.62
3		临时设施费	1	10.16	30.49	2.03	1.63	44.31

续表

序号	编码	项目名称	费率(%)	人工费(元)	材料费机械费(元)	管理费(元)	利润(元)	合价(元)
4	031302005001	雨季施工增加费	0.5	5.08	15.24	1.02	0.81	22.15
5	031302006001	已完工程及设备保护费	0.8	8.13	24.39	1.63	1.30	35.45
6	031302004001	二次搬运费	0.01	0.10	0.30	0.02	0.02	0.44
合　计				43.80				190.97

总价措施项目清单与计价表　　表 3-22

工程名称：某住宅小区室外给水排水管道工程

序号	项目编码	项目名称	计算基础	费率(%)	金额(元)
1	031302001001	安全文明施工费	定额人工费	3	132.92
2		安全文明施工与环境保护费	定额人工费	2	88.62
3		临时设施费	定额人工费	1	44.31
4	031302005001	雨季施工增加费	定额人工费	0.5	22.15
5	031302006001	已完工程及设备保护费	定额人工费	0.8	35.45
6	031302004001	二次搬运费	定额人工费	0.01	0.44
合　计					190.97

3.3.3 计算规费、税金

规费：(4064.91＋43.80)×19%＝780.65 元

税金：(43840.78＋190.97＋780.65)×9%＝4033.12 元

规费、税金计算见表 3-23。

规费、税金项目清单与计价表　　表 3-23

工程名称：某住宅小区室外给水排水管道工程

序号	项目名称	计算基础	费率(%)	金额(元)
1	规费	按费用定额规定计算	19	780.65
1.1	社会保险费	按费用定额规定计算	14.9	612.20
1.1.1	基本医疗保险	人工费×费率	3.7	152.02
1.1.2	工伤保险	人工费×费率	0.4	16.43
1.1.3	生育保险	人工费×费率	0.3	12.33
1.1.4	养老失业保险	人工费×费率	10.5	431.41
1.2	住房公积金	人工费×费率	3.7	152.02
1.3	水利建设基金	人工费×费率	0.4	16.43
1.4	环保税	按实计取		
2	税金	税前工程造价×税率	9	4033.12
合　计				4813.77

3.3.4 计算工程造价

本工程单位工程招标控制价汇总见表3-24。

单位工程招标控制价汇总表　　　　表3-24

工程名称：某住宅小区室外给水排水管道工程

序号	汇总内容	金额(元)
1	分部分项工程及单价措施项目	43840.78
2	总价措施项目	190.97
2.1	其中:安全文明措施费	132.92
3	其他项目	0.00
4	规费	780.65
5	税金	4033.12
招标控制价合计=1+2+3+4+5		48846

3.3.5 填写总说明

总说明主要包括工程概况、招标范围及招标控制价编制的依据及有关问题说明。本工程招标控制价总说明见表3-25。

总说明　　　　表3-25

工程名称：某住宅小区室外给水排水管道工程

总说明

1. 工程概况

给水管采用PE管,热熔连接;污水管采用HDPE双壁波纹管,粘接;给水管道上的阀门采用法兰闸阀,水表采用螺翼式法兰水表;给水管道安装完毕后对全系统进行强度试验,试验压力为0.6MPa,给水管道竣工验收前应进行冲洗和消毒。

2. 招标范围

该住宅小区室外给水排水管道工程施工图纸范围内的内容。

3. 招标控制价的编制依据

(1)《建设工程工程量清单计价规范》GB 50500—2013和《通用安装工程工程量计算规范》GB 50856—2013;

(2)2017年《内蒙古自治区建设工程计价依据》;

(3)该住宅小区室外给水排水管道工程施工图纸;

(4)该住宅小区室外给水排水管道工程招标文件;

(5)施工现场情况、工程特点及常规施工方案;

(6)《室外给水设计标准》GB 50013—2018、《给水排水管道工程施工及验收规范》GB 50268—2008、《室外排水设计标准》GB 50014—2021;

(7)2020年《呼和浩特市工程造价信息》第5期;

(8)其他相关资料。

3.3.6 填写扉页

招标控制价扉页采用《建设工程工程量清单计价规范》GB 50500—2013 中的统一格式，扉页必须按要求填写，并签字、盖章。本工程招标控制价扉页见表 3-26。

招标控制价扉页　　表 3-26

工程名称：某住宅小区室外给水排水管道工程

某住宅小区室外给水排水管道 工程

招标控制价

招标控制价(小写)48846 元

(大写)肆万捌仟捌佰肆拾陆元整

招　标　人：＿＿＿＿＿＿＿＿（单位盖章）　　造价咨询人：＿＿＿＿＿＿＿＿（单位资质专用章）

法定代表人
或其授权人：＿＿＿＿＿＿＿＿（签字或盖章）　　法定代表人
或其授权人：＿＿＿＿＿＿＿＿（签字或盖章）

编　制　人：＿＿＿＿＿＿＿＿（造价人员签字盖专用章）　　复　核　人：＿＿＿＿＿＿＿＿（造价工程师签字盖专用章）

编制时间：　年　月　日　　复核时间：　年　月　日

3.3.7 填写封面

招标控制价封面采用《建设工程工程量清单计价规范》GB 50500—2013 附录中的统一格式，封面必须按要求填写，并签字、盖章。如表 3-27 所示，填写招标控制价封面。

招标控制价封面 表 3-27

工程名称：某住宅小区室外给水排水管道

<table>
<tr><td>

某住宅小区室外给水排水管道 工程

招标控制价

招 标 人：________________
（单位盖章）

造价咨询人：________________
（单位资质专用章）

年 月 日

</td></tr>
</table>

3.3.8 装订

招标控制价按图 3-7 的顺序装订。

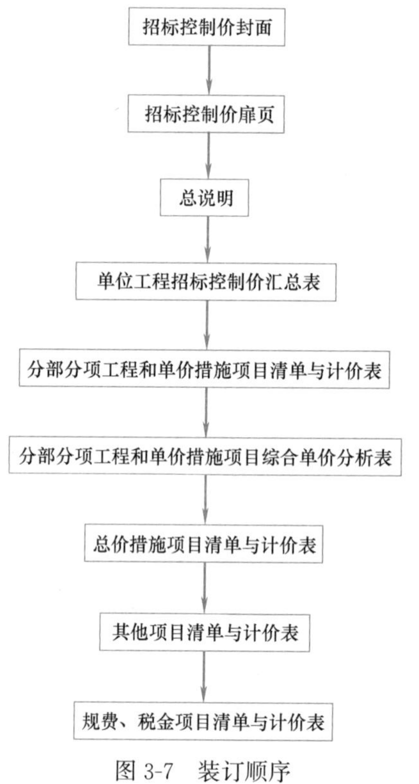

图 3-7 装订顺序

项目4 市政给水管道工程计量与计价

【项目实训目标】 市政给水管道工程计价方式有定额计价和清单计价。学生通过本实训项目训练达到以下目标：

1. 能够编制市政给水管道工程施工图预算；
2. 能够编制市政给水管道工程工程量清单；
3. 能够编制市政给水管道工程招标控制价、投标报价；
4. 能够编制市政给水管道工程竣工结算。

工程案例：

本案例为某市政给水管道工程，施工图如图 4-1～图 4-5 所示。该市政给水管道工程施工图设计说明如下：

1. 本次施工图设计为某道路（K1＋720～K2＋000 段）范围的给水管道，施工平面图如图 4-1 所示。

2. 设计依据为设计委托书、测量资料、《室外给水设计标准》GB 50013—2018、《市政给水管道工程及附属设施》07MS101、《给水排水管道工程施工及验收规范》GB 50268—2008。

3. 管材采用聚乙烯 PE100 管以及相应管件（PN＝1.0MPa），热熔焊接；阀门采用 SD341X（PN＝1.0MPa）法兰式分体伸缩蝶阀。

4. 管道基础为砂垫层基础，即管底铺 200mm 砂垫层，如图 4-2 所示，垫层材料为粗砂。

5. 阀门井按照《市政给水管道工程及附属设施》07MS101 进行设计，采用保温井口，井盖高出绿化带设计地面 100mm。阀门井、消火栓井、J1 和 J2 详图见图 4-3～图 4-5，ϕ1200 立式阀门井平均井深为 2.0m，ϕ1800 阀门井井深为 2.8m。

6. 管沟挖土时切忌超挖，槽壁应平整，边坡坡度符合施工设计的规定；水压试验前除接口外，管道两侧及管顶以上回填高度不应小于 0.5m，水压试验合格后应及时满沟回填。回填密实度为：砂垫层为 90%，管道基础至管顶 95%，管顶以上 1.0m 以内 90%，其他部分按道路施工要求施工。

项目 4
案例图纸

7. 管道试压打压为工作压力的 1.5 倍，打压完成后，按照《给水排水管道工程施工及验收规范》GB 50268—2008 的相关规定进行冲洗消毒。

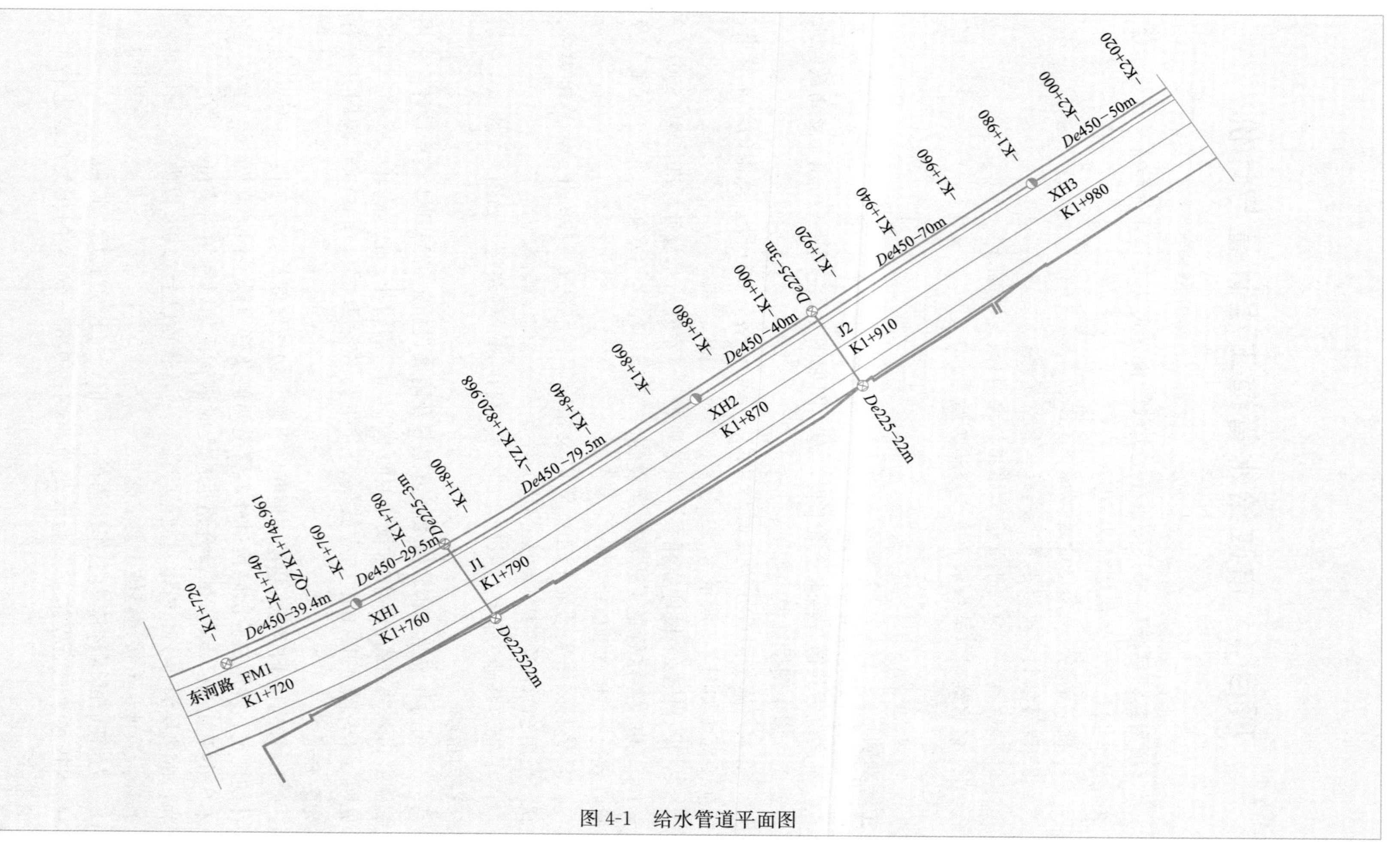
东河路
FM1
K1+720
-K1+720
De450-39.4m
-K1+740
-QZ K1+748.961
XH1
K1+760
-K1+760
De450-29.5m
-K1+780
De225-3m
-K1+800
J1
K1+790
De22522m
De450-79.5m
-YZ K1+820.968
-K1+840
-K1+860
XH2
K1+870
-K1+880
De450-40m
-K1+900
De225-3m
-K1+920
J2
K1+910
De225-22m
De450-70m
-K1+940
-K1+960
XH3
K1+980
-K1+980
De450-50m
-K2+000
-K2+020

图 4-1 给水管道平面图

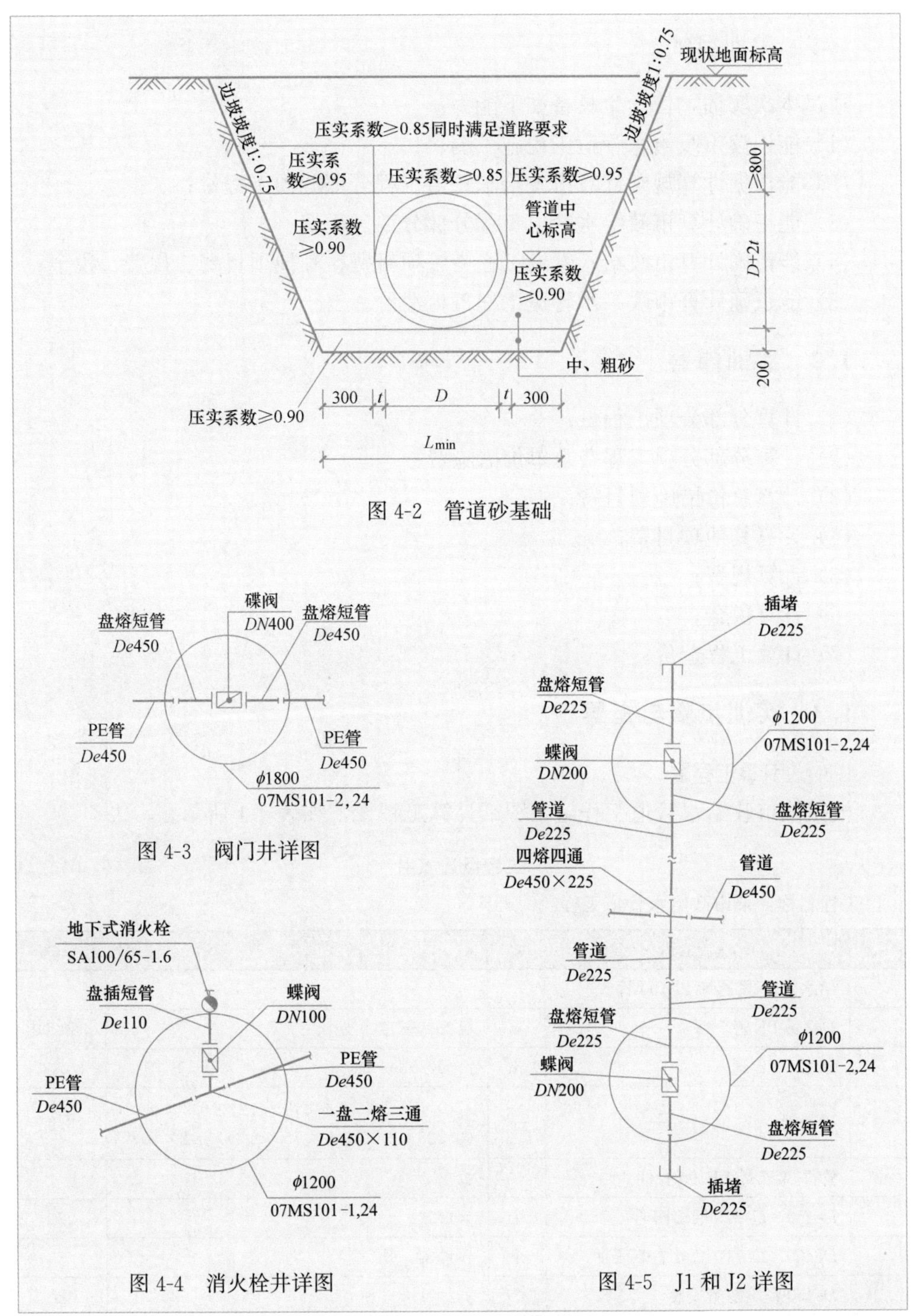

图 4-2 管道砂基础

图 4-3 阀门井详图

图 4-4 消火栓井详图

图 4-5 J1 和 J2 详图

任务 1 施工图预算编制

暂不考虑土方，以前述市政给水管道工程施工图 4-1～图 4-5 为例编制施工图预算。

1.1 实训目的

通过本次实训，使学生具备如下能力：
(1) 能识读市政给水管道工程施工图；
(2) 能根据计算规则计算市政给水管道工程分部分项工程量；
(3) 能正确计算市政给水管道工程分部分项工程费；
(4) 能正确计算市政给水管道工程措施项目费、其他项目费、规费、税金；
(5) 能正确计算市政给水管道工程工程造价。

1.2 实训内容

(1) 计算分部分项工程量；
(2) 计算分部分项工程费及单价措施费；
(3) 计算总价措施项目费；
(4) 计算其他项目费；
(5) 计算规费；
(6) 计算税金；
(7) 计算工程造价。

1.3 实训步骤与指导

1.3.1 计算工程量

根据该市政给水管道工程施工图纸计算工程量，如表 4-1 所示。

工程量计算书　　表 4-1

工程名称：某市政给水管道工程

序号	项目名称	单位	工程量计算公式	工程量
1	给水管道 聚乙烯 PE100 管			
	*De*450 PE 管	m	2000−1720	280.00
	*De*225 PE 管	m	(22+3)×2	50.00
2	砂基础	m^3	(0.45+2×0.3+0.75×0.2)×0.2×280+(0.225+2×0.3+0.75×0.2)×0.2×50	76.95
3	管件 聚乙烯 PE100 管件			
	*De*450×*De*225 四熔四通	个	1×2	2
	*De*450×*De*110 一盘二熔三通	个	1×3	3
	*De*450 盘熔短管安装	个	2×1	2
	*De*225 PE 插堵	个	2×2	4
	*De*225 盘熔短管	个	4×2	8
	*De*110 双盘短管安装	个	1×3	3
4	蝶阀			
	*DN*400 蝶阀	个	1×1	1

续表

序号	项目名称	单位	工程量计算公式	工程量
	*DN*200 蝶阀	个	2×2	4
	*DN*100 蝶阀	个	1×3	3
5	蝶阀水压试验			
	*DN*400 蝶阀水压试验	个	1×1	1
	*DN*200 蝶阀水压试验	个	2×2	4
	*DN*100 蝶阀水压试验	个	1×3	3
6	SA100/65-1.6 地下式消火栓安装	套	1×3	3
7	管道水压试验			
	*De*450 管道水压试验	m	同 *De*450 PE 管安装	280.00
	*De*225 管道水压试验	m	同 *De*225 PE 管安装	50.00
8	管道消毒冲洗			
	*De*450 消毒冲洗	m	同 *De*450 PE 管安装	280.00
	*De*225 消毒冲洗	m	同 *De*225 PE 管安装	50.00
9	阀门井			
	ϕ1800 阀门井	座	1	1
	ϕ1200 阀门井	座	4	4
10	ϕ1200 消火栓井	座	3	3
11	木质保温井盖	个	8	8
12	井字架			
	钢管井字脚手架，井深 2m 内	座	7	7
	钢管井字脚手架，井深 4m 内	座	1	1

1.3.2　计算分部分项及单价措施项目费

分部分项及单价措施项目费计算结果见表 4-2。

工程预算表　　　　**表 4-2**

工程名称：某市政给水管道工程

序号	定额号	工程项目名称	单位	工程量	单价（元）	合价（元）	其中：人工费（元）	
							单价	合价
1		分部分项工程				63004.65		28017.00
2	s5-9	管道（渠）砂垫层	m^3	76.95	136.380	10494.44	53.002	4078.50
3	s5-333	塑料管安装（热熔对接）管外径（450mm 以内）	m	280.00	45.991	12877.48	31.146	8720.88
4	s5-329	塑料管安装（热熔对接）管外径（225mm）	m	50.00	12.909	645.45	8.472	423.60
5	s5-858	管道试压水压试验　公称直径（400mm 以内）	m	280.00	7.182	2010.96	4.323	1210.44
6	s5-856	管道试压水压试验　公称直径（200mm 以内）	m	50.00	4.463	223.14	2.839	141.97

续表

序号	定额号	工程项目名称	单位	工程量	单价（元）	合价（元）	其中：人工费（元）	
							单价	合价
7	s5-898	管道消毒冲洗　公称直径（400mm 以内）	m	280.00	7.256	2031.68	2.487	696.28
8	s5-896	管道消毒冲洗　公称直径（200mm 以内）	m	50.00	3.693	184.64	1.881	94.07
9	s5-1467	塑料管件安装（对接熔接）　管外径（450mm 以内）*De*450 盘熔短管	个	2.00	497.620	995.24	313.18	626.36
10	s5-1467	塑料管件安装（对接熔接）　管外径（450mm 以内）*De*450×*De*225 四熔四通	个	2.00	497.620	995.24	313.18	626.36
11	s5-1467	塑料管件安装（对接熔接）　管外径（450mm 以内）*De*450×*De*110 一盘二熔三通	个	3.00	497.620	1492.86	313.18	939.54
12	s5-1463	塑料管件安装（对接熔接）　管外径（225mm）*De*225 盘熔短管	个	8.00	150.560	1204.48	90.31	722.48
13	s5-1463	塑料管件安装（对接熔接）　管外径（225mm）*De*225 插堵	个	4.00	150.560	602.24	90.31	361.24
14	s5-1459	塑料管件安装（对接熔接）　管外径（110mm 以内）*De*110 双盘短管	个	3.00	49.210	147.63	33.01	99.03
15	s5-1593	法兰阀门安装　公称直径（400mm 以内）蝶阀	个	1.00	297.930	297.93	138.04	138.04
16	s5-1589	法兰阀门安装　公称直径（200mm 以内）蝶阀	个	4.00	94.280	377.12	67.73	270.92
17	s5-1586	法兰阀门安装　公称直径（100mm 以内）蝶阀	个	3.00	56.680	170.04	40.85	122.55
18	s5-1628	阀门水压试验　公称直径（400mm 以内）	个	1.00	540.360	540.36	63.65	63.65
19	s5-1626	阀门水压试验　公称直径（200mm 以内）	个	4.00	139.000	556.00	24.62	98.48
20	s5-1624	阀门水压试验　公称直径（100mm 以内）	个	3.00	61.320	183.96	12.26	36.78
21	a9-87	室外地下式消火栓支管安装 公称直径（100mm）	套	3.00	249.470	748.41	79.04	237.12
22	s5-1995	砖砌圆形立式蝶阀井内径 1.20m 井室深 1.75m 井深 2.00m	座	4.00	2822.010	11288.04	831.05	3324.20
23	s5-1998	砖砌圆形立式蝶阀井内径 1.80m 井室深 2.50m 井深 2.80m	座	1.00	5037.640	5037.64	1608.89	1608.89

续表

序号	定额号	工程项目名称	单位	工程量	单价（元）	合价（元）	其中：人工费（元）	
							单价	合价
24	s5-2026	地下式消火栓井　支管深装井深 1.65m	座	3.00	2434.290	7302.87	690.86	2072.58
25	s5-2538	木质保温井盖	个	8.00	324.600	2596.80	162.88	1303.04
26		单价措施				1175.54		832.91
27	s5-2771	钢管井字脚手架　井深（4m 以内）	座	1.00	253.780	253.78	181.91	181.91
28	s5-2770	钢管井字脚手架　井深（2m 以内）	座	7.00	131.680	921.76	93.00	651.00
合　计						64180.19		28849.91

1.3.3　计算总价措施项目费

据计价依据和计价办法分析总价措施项目费用，各项结果见表 4-3。将计算结果填入总价措施项目计价表 4-4 中。

总价措施项目计价分析表　　表 4-3

工程名称：某市政给水管道工程

序号	项目名称	费率（%）	人工费（元）	其他费（元）	管理费（元）	利润（元）	合价（元）
1	安全文明施工费	3	216.37	649.13	43.274	34.62	943.39
1.1	安全文明施工与环境保护费	2	144.25	432.75	28.85	23.08	628.93
1.2	临时设施费	1	72.12	216.38	14.424	11.54	314.46
2	雨季施工增加费	0.5	36.06	108.19	7.212	5.77	157.23
3	已完工程及设备保护费	0.5	36.06	108.19	7.212	5.77	157.23
4	二次搬运费	0.01	0.72	2.16	0.144	0.12	3.14
	合计		289.21				1260.99

总价措施项目计价表　　表 4-4

工程名称：某市政给水管道工程

序号	项 目 名 称	计算基础	费率（%）	金额（元）
1	安全文明施工费	定额人工费	3	943.39
1.1	安全文明施工与环境保护费	定额人工费	2	628.93
1.2	临时设施费	定额人工费	1	314.46
2	雨季施工增加费	定额人工费	0.5	157.23
3	已完工程及设备保护费	定额人工费	0.5	157.23
4	二次搬运费	定额人工费	0.01	3.14
合　计				1260.99

1.3.4　计算材差、未计价主材费

材料价差调整见表 4-5、未计价主材费见表 4-6。

材料价差调整表 表 4-5

工程名称：某市政给水管道工程

序号	名称	单位	数量	定额(元)	市场(元)	价差(元)	价差合计(元)
1	钢板 δ4.5～10	kg	14.49	2.53	3.51	0.98	14.20
2	钢板 δ20	kg	7.21	2.83	3.51	0.68	4.90
3	标准砖 240×115×53	千块	8.30	360.36	399.33	38.97	323.30
4	电	kW·h	7.88	0.58	0.61	0.03	0.24
5	水	m^3	358.27	5.27	5.46	0.19	68.07
6	铸铁井盖、井座 ϕ700 重型	套	8.00	478.76	550.18	71.42	571.36
7	柴油	kg	18.48	6.39	5.40	−0.99	−18.29
8	电	kW·h	2005.36	0.58	0.61	0.03	60.16
合　计							1023.94

单位工程未计价主材费表 表 4-6

工程名称：某市政给水管道工程

序号	工、料、机名称	单位	数量	定额价(元)	合价(元)
1	塑料管　聚乙烯 PE100 管　*De*450	m	280.00	1125.960	315268.80
2	塑料管　聚乙烯 PE100 管　*De*225	m	50.00	273.740	13687.00
3	中密度聚乙烯管件　*De*110 双盘短管	个	3	90.870	272.61
4	中密度聚乙烯管件　*De*225 插堵	个	4	247.410	989.64
5	中密度聚乙烯管件　*De*225 盘熔短管	个	8	250.680	2005.44
6	中密度聚乙烯管件　*De*450 盘熔短管	个	2	1034.750	2069.50
7	中密度聚乙烯管件　*De*450×*De*110 一盘二熔三通	个	3	1100.550	3301.65
8	中密度聚乙烯管件(对接熔接)*De*450×*De*225 四熔四通管	个	2	1154.900	2309.80
9	法兰阀门 *DN*100 蝶阀	个	3	103.880	311.64
10	法兰阀门 *DN*400 蝶阀	个	1	1207.580	1207.58
11	法兰阀门 *DN*200 蝶阀	个	4	259.700	1038.80
12	地下式消火栓 SA100/65-1.6	套	3	2000.000	6000.00
合　计					348462.46

1.3.5 计算规费、税金

规费：(28849.91＋289.21)×19%＝5536.43 元

税金：(64180.19＋1260.99＋420.26＋349486.40＋5536.43)×9%＝37879.58 元

规费、税金计算结果见表 4-7。

1.3.6 计算工程造价

工程造价＝分部分项及单价措施项目费＋总价措施项目费＋其他项目费＋价

差调整及主材费＋规费＋税金

工程造价计算结果见表 4-7。

单位工程取费表 表 4-7

工程名称：某市政给水管道工程

序号	项目名称	计算公式或说明	费率(%)	金额
1	分部分项工程及单价措施项目	按规定计算		64180.19
2	总价措施项目	按规定计算		1260.99
3	其他项目费(材料检验试验费)	按费用定额规定计算		420.26
4	价差调整及主材	以下分项合计		349486.40
4.1	其中:单项材料调整	详见材料价差调整表		1023.94
4.2	其中:未计价主材费	定额未计价材料		348462.46
5	规费	按费用定额规定计算	19	5536.43
6	税金	按费用定额规定计算	9	37879.58
7	工程造价	以上合计		458764

1.3.7 填写编制说明

编制说明主要内容有工程概况、编制依据等，如表 4-8 所示。

编制说明 表 4-8

工程名称：某市政给水管道工程

编制说明

1. 工程概况

某市政给水管道工程 K1＋720～K2＋000 段，采用聚乙烯 PE100 管，热熔焊接，阀门采用蝶阀，阀门井口采用保温井口，管道基础采用 200mm 厚砂垫层基础，ϕ1200 立式阀门井平均井深为 2.0m，ϕ1800 阀门井井深为 2.8m。

2. 编制依据

(1)该市政给水管道工程施工图纸；

(2)2017 年《内蒙古自治区建设工程费用定额》；

(3)2017 年《内蒙古自治区市政工程预算定额》第四册《市政管道工程》；

(4)本工程主要材料价格采用 2020 年《呼和浩特市工程造价信息》第 5 期。

1.3.8 填写封面

封面的填写见表 4-9。

封面 表 4-9

工程名称：某市政给水管道工程

<table>
<tr><td>

工 程 预 算 书

工程名称： 某市政给水管道工程

建设单位：

施工单位：

工程造价： 458764 元

造价大写： 肆拾伍万捌仟柒佰陆拾肆元整

资格证章：

编制日期：

</td></tr>
</table>

1.3.9 装订

施工图预算按图 4-6 的顺序装订。

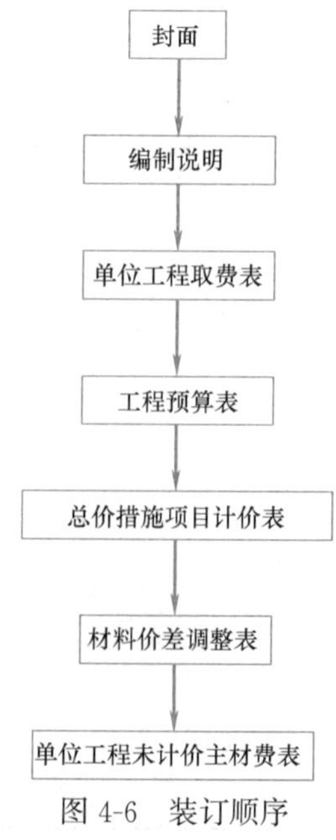

图 4-6 装订顺序

任务 2　招标工程量清单编制

暂不考虑土方，以前述市政给水管道工程施工图 4-1～图 4-5 为例编制工程量清单。

2.1　实训目的

通过本次实训，使学生具备如下能力：

(1) 能识读市政给水管道工程施工图；

(2) 能根据《市政工程工程量计算规范》GB 50857—2013 计算市政给水管道工程工程量；

(3) 能正确编制市政给水管道工程分部分项工程量清单；

(4) 能正确编制市政给水管道工程措施项目清单；

(5) 能正确编制市政给水管道工程其他项目清单；

(6) 能正确编制市政给水管道工程规费与税金项目清单。

2.2　实训内容

(1) 计算清单工程量；

(2) 编制分部分项工程和单价措施项目清单；

(3) 编制总价措施项目清单；

(4) 编制其他项目清单；

(5) 编制规费与税金项目清单。

2.3　实训步骤与指导

2.3.1　计算清单工程量

清单工程量根据市政给水管道工程施工图 4-1～图 4-5，依据《市政工程工程量计算规范》GB 50857—2013 中的工程量计算规则计算。

本工程分部分项清单工程量计算结果见表 4-10。

清单工程量计算书　　表 4-10

工程名称：某市政给水管道工程

序号	项目名称	单位	工程量计算公式	工程量
1	给水管道 *De*450 PE 管	m	2000−1720	280.00
2	给水管道 *De*225 PE 管	m	(22+3)×2	50.00
3	*De*450×*De*225 四熔四通	个	1×2	2
4	*De*450×*De*110 一盘二熔三通	个	1×3	3
5	*De*450 盘熔短管	个	2×1	2
6	*De*225 PE 插堵	个	2×2	4

续表

序号	项目名称	单位	工程量计算公式	工程量
7	*De*225 盘熔短管	个	4×2	8
8	*De*110 双盘短管	个	1×3	3
9	*DN*400 蝶阀	个	1×1	1
10	*DN*200 蝶阀	个	2×2	4
11	*DN*100 蝶阀	个	1×3	3
12	SA100/65-1.6 地下式消火栓	套	1×3	3
13	ϕ1800 阀门井	座	1	1
14	ϕ1200 阀门井	座	4	4
15	ϕ1200 消火栓井	座	3	3
16	钢管井字脚手架，井深 2m 内	座	7	7
17	钢管井字脚手架，井深 4m 内	座	1	1

2.3.2 编制分部分项工程和单价措施项目清单

分部分项工程和单价措施项目清单依据《建设工程工程量清单计价规范》GB 50500—2013 和《市政工程工程量计算规范》GB 50857—2013 有关规定及相关的标准、规范编制。本工程分部分项工程和单价措施项目清单见表 4-11。

分部分项工程和单价措施项目清单与计价表　　表 4-11

工程名称：某市政给水管道工程

序号	项目编号	项目名称	项目特征描述	计量单位	工程量	金额(元)	
						综合单价	合价
分部分项工程							
1	040501004001	塑料管 *De*450	1. 垫层材质及厚度：200mm 砂垫层； 2. 材质及规格：聚乙烯 PE100 管 *De*450； 3. 连接形式：热熔； 4. 铺设深度：2m； 5. 管道检验及试验要求：水压试验、消毒冲洗	m	280.00		
2	040501004002	塑料管 *De*225	1. 垫层材质及厚度：200mm 砂垫层； 2. 材质及规格：聚乙烯 PE100 管 *De*225； 3. 连接形式：热熔； 4. 铺设深度：2m； 5. 管道检验及试验要求：水压试验、消毒冲洗	m	50.00		

续表

序号	项目编号	项目名称	项目特征描述	计量单位	工程量	金额(元)	
						综合单价	合价
3	040502003001	塑料管管件 *De*450 盘熔短管	1. 种类:盘熔短管; 2. 材质及规格:聚乙烯 PE100 管 *De*450; 3. 连接方式:热熔	个	2		
4	040502003002	塑料管管件 *De*450×*De*225 四熔四通	1. 种类:四熔四通; 2. 材质及规格:聚乙烯 PE100 管 *De*450×*De*225; 3. 连接方式:热熔	个	2		
5	040502003003	塑料管管件 *De*450×*De*110 一盘二熔三通	1. 种类:一盘二熔三通; 2. 材质及规格:聚乙烯;PE100 管件 *De*450×*De*110; 3. 连接方式:热熔	个	3		
6	040502003004	塑料管管件 *De*225 盘熔短管	1. 种类:盘熔短管; 2. 材质及规格:聚乙烯;PE100 管件 *De*225; 3. 连接方式:热熔	个	8		
7	040502003005	塑料管管件 *De*225 插堵	1. 种类:插堵; 2. 材质及规格:聚乙烯;PE100 管件 *De*225; 3. 连接方式:热熔	个	4		
8	040502003006	塑料管管件 *De*110 双盘短管	1. 种类:双盘短管; 2. 材质及规格:聚乙烯;PE100 管件 *De*110; 3. 连接方式:热熔	个	3		
9	040502005001	阀门 *DN*400　蝶阀	1. 种类:蝶阀; 2. 材质及规格:钢制 *DN*400; 3. 连接方式:法兰连接; 4. 试验要求:水压试验	个	1		
10	040502005002	阀门 *DN*200　蝶阀	1. 种类:蝶阀; 2. 材质及规格:钢制 *DN*200; 3. 连接方式:法兰连接; 4. 试验要求:水压试验	个	4		
11	040502005003	阀门 *DN*100　蝶阀	1. 种类:蝶阀; 2. 材质及规格:钢制 *DN*100; 3. 连接方式:法兰连接; 4. 试验要求:水压试验	个	3		

续表

序号	项目编号	项目名称	项目特征描述	计量单位	工程量	金额(元)	
						综合单价	合价
12	040502010001	消火栓	1. 规格:*DN*100; 2. 安装部位、方式:地下式、支管安装	个	3		
13	040504001001	砌筑井	1. 名称:砖砌圆形立式蝶阀井; 2. 规格:内径 1.20m、井室深 1.75m、井深 2.00m; 3. 井口保温; 4. 做法详见 07mS101-2-24	座	4		
14	040504001002	砌筑井	1. 名称:砖砌圆形立式蝶阀井; 2. 规格:内径 1.80m、井室深 1.80m、井深 2.80m; 3. 井口保温; 4. 做法详见 07mS101-2-24	座	1		
15	040504001003	砌筑井	1. 名称:地下式消火栓井; 2. 规格:支管深装井深 1.65m; 3. 井口保温; 4. 做法详见 07mS101-1-22	座	3		
		单价措施					
16	041101005001	井字架	井深:2.8m	座	1		
17	041101005002	井字架	井深:2m	座	7		

2.3.3 编制总价措施项目清单

总价措施项目清单依据《建设工程工程量清单计价规范》GB 50500—2013 和《市政工程工程量计算规范》GB 50857—2013 有关规定及施工现场情况、工程特点、常规施工方案等编制，见表 4-12。

总价措施项目清单与计价表　　表 4-12

工程名称：某市政给水管道工程

序号	项目编码	项目名称	计算基础	费率(%)	金额(元)
1	041109001001	安全文明施工费			
1.1		安全文明施工与环境保护费			
1.2		临时设施费			
2	041109004001	雨季施工增加费			
3	041109007001	已完工程及设备保护费			
4	041109003001	二次搬运费			

2.3.4　编制其他项目清单

其他项目清单依据《建设工程工程量清单计价规范》GB 50500—2013 相关规定及国家、省级、行业建设主管部门颁发的计价依据和办法编制。

本工程其他项目清单依据《建设工程工程量清单计价规范》GB 50500—2013 和 2017 年《内蒙古自治区建设工程费用定额》编制，结果见表 4-13。

其他项目清单与计价表　　　　**表 4-13**

工程名称：某市政给水管道工程

序号	项目名称	计量单位	金额(元)
1	检验试验费		
合　计			

2.3.5　编制规费、税金项目清单

规费、税金项目清单依据《建设工程工程量清单计价规范》GB 50500—2013 相关规定及国家相关法律法规编制。本工程规费、税金项目清单见表 4-14。

规费、税金项目清单与计价表　　　　**表 4-14**

工程名称：某市政给水管道工程

序号	项目名称	计算基础	费率(%)	金额(元)
1	规费	按费用定额规定计算		
1.1	社会保险费	按费用定额规定计算		
1.1.1	基本医疗保险	人工费×费率		
1.1.2	工伤保险	人工费×费率		
1.1.3	生育保险	人工费×费率		
1.1.4	养老失业保险	人工费×费率		
1.2	住房公积金	人工费×费率		
1.3	水利建设基金	人工费×费率		
1.4	环保税	按实计取		
2	税金	税前工程造价×税率		

2.3.6　填写总说明

总说明主要填写工程概况、招标范围及工程量清单编制的依据及有关问题说明。本工程工程量清单总说明见表 4-15。

2.3.7　填写扉页

工程量清单扉页采用《建设工程工程量清单计价规范》GB 50500—2013 中的统一格式，扉页必须按要求填写，并签字、盖章。本工程工程量清单扉页见表 4-16。

总说明　　表 4-15

工程名称：某市政给水管道工程

总说明

1. 工程概况

某市政给水管道工程 K1＋720～K2＋000 段，采用聚乙烯 PE100 管，热熔焊接，阀门采用蝶阀，阀门井口采用保温井口，管道基础采用 200mm 厚砂垫层基础，ϕ1200 立式阀门井平均井深为 2.0m，ϕ1800 阀门井井深为 2.8m。

2. 招标范围

K1＋720～K2＋000 段管道及附属构筑物。

3. 工程量清单的编制依据

(1)《建设工程工程量清单计价规范》GB 50500—2013 和《市政工程工程量计算规范》GB 50857—2013；

(2)2017 年《内蒙古自治区建设工程计价依据》；

(3)该市政给水管道工程施工图纸；

(4)该市政给水管道工程招标文件；

(5)施工现场情况、工程特点及常规施工方案；

(6)《室外给水设计标准》GB 50013—2018 和《给水排水管道工程施工及验收规范》GB 50268—2008；

(7)其他相关资料。

招标工程量清单扉页　　表 4-16

工程名称：某市政给水管道工程

<table>
<tr><td colspan="2">

某市政给水管道　工程

招标工程量清单

招　标　人：________________（单位盖章）

造价咨询人：________________（单位资质专用章）

法定代表人
或其授权人：________________（签字或盖章）

法定代表人
或其授权人：________________（签字或盖章）

编　制　人：________________（造价人员签字盖专用章）

复　核　人：________________（造价工程师签字盖专用章）

编制时间：　年　月　日　　复核时间：　年　月　日

</td></tr>
</table>

2.3.8 填写封面

招标工程量清单封面采用《建设工程工程量清单计价规范》GB 50500—2013中的统一格式，封面必须按要求填写，并签字、盖章。本工程招标工程量清单封面见表 4-17。

招标工程量清单封面 表 4-17

工程名称：某市政给水管道工程

某市政给水管道 工程

招标工程量清单

招 标 人：________________

（单位盖章）

造价咨询人：________________

（单位资质专用章）

年 月 日

2.3.9　装订

招标工程量清单按图 4-7 的顺序装订。

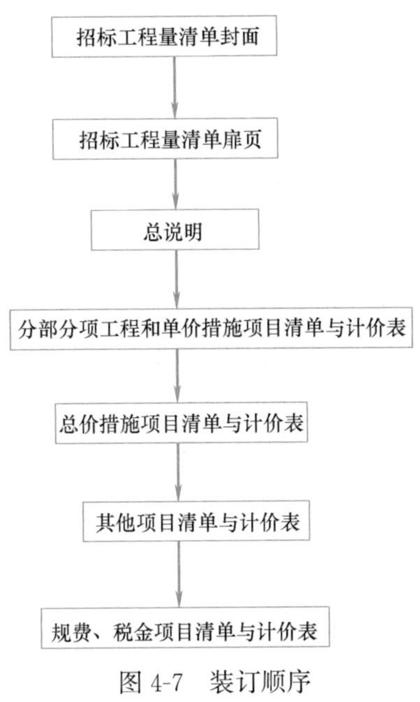

图 4-7　装订顺序

任务 3　招标控制价编制

暂不考虑土方，以市政给水管道工程施工图 4-1～图 4-5 为例编制招标控制价。

3.1　实训目的

通过本次实训，使学生具备如下能力：

（1）能识读市政给水管道工程施工图；

（2）能根据计算规则计算市政给水管道工程工程量；

（3）能正确计算市政给水管道工程分部分项工程费；

（4）能正确计算市政给水管道工程措施项目费；

（5）能正确计算市政给水管道工程其他项目费；

（6）能正确计算市政给水管道工程规费与税金；

（7）能正确计算市政给水管道工程招标控制价。

3.2　实训内容

（1）计算计价工程量；

（2）计算分部分项工程和单价措施项目综合单价；

（3）计算分部分项工程和单价措施项目费；

(4) 计算总价措施项目费;
(5) 计算其他项目费;
(6) 计算规费与税金;
(7) 计算招标控制价。

3.3 实训步骤与指导

3.3.1 计算分部分项工程和单价措施项目费

1. 确定施工方案

根据地勘资料，土质为一、二类土。根据现场条件，采用开槽施工，反铲挖掘机挖土，顺沟槽坑上作业，槽底留 20cm 人工清底。管沟挖深 2m 左右，放坡开挖，边坡采用 1∶0.75，人工下管，砌筑检查井，除接口处外回填 500mm 后进行水压试验，合格后回填，余土由装载机装车，自卸汽车外运至 10km 外弃土场。砌筑阀门井采用钢管井字架。施工程序如图 4-8 所示。

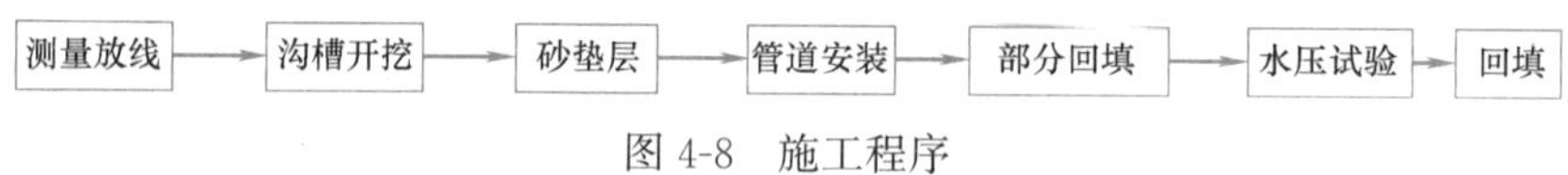

图 4-8 施工程序

2. 计算每个清单的计价工程量

根据该市政给水管道工程施工图纸计算工程量，如表 4-18 所示。

计价工程量计算书 表 4-18

工程名称：某市政给水管道工程

项目编码	项目名称	单位	工程量计算公式	工程量
040501004001	塑料管 *De*450	m		280.00
	砂基础	m^3	(0.45 + 2 × 0.3 + 0.75×0.2)×0.2×280	67.20
	*De*450 PE 管	m	2000−1720	280.00
	*De*450 管道水压试验	m	同 *De*450 PE 管安装	280.00
	*De*450 消毒冲洗	m	同 *De*450 PE 管安装	280.00
040501004002	塑料管 *De*225	m		50.00
	砂基础	m^3	(0.225 + 2 × 0.3 + 0.75×0.2)×0.2×50	9.75
	*De*225 PE 管	m	(22+3)×2	50.00
	*De*225 管道水压试验	m	同 *De*225 PE 管安装	50.00
	*De*225 消毒冲洗	m	同 *De*225 PE 管安装	50.00
040502003001	塑料管管件 *De*450 盘熔短管	个		2
	*De*450 盘熔短管	个	2×1	2
040502003002	塑料管管件 *De*450 × *De*225 四熔四通	个		2
	*De*450×*De*225 四熔四通	个	1×2	2
040502003003	塑料管管件 *De*450 × *De*110 一盘二熔三通	个		3

续表

项目编码	项目名称	单位	工程量计算公式	工程量
	De450×De110 一盘二熔三通	个	1×3	3
040502003004	塑料管管件 De225 盘熔短管	个		8
	De225 盘熔短管	个	4×2	8
040502003005	塑料管管件 De225 插堵	个		4
	De225 插堵	个	2×2	4
040502003006	塑料管管件 De110 双盘短管	个		3
	De110 双盘短管	个	1×3	3
040502005001	阀门 DN400 蝶阀	个		1
	DN400 蝶阀	个	1×1	1
	DN400 蝶阀水压试验	个	1×1	1
040502005002	阀门 DN200 蝶阀	个		4
	DN200 蝶阀	个	2×2	4
	DN200 蝶阀水压试验	个	2×2	4
040502005003	阀门 DN100 蝶阀	个		3
	DN100 蝶阀	个	1×3	3
	DN100 蝶阀水压试验	个	1×3	3
040502010001	消火栓	套		3
	SA100/65-1.6 地下式消火栓安装	套	1×3	3
040504001001	砌筑井	座		4
	ϕ1200 阀门井	座	4	4
	木质保温井盖	个	4	4
040504001002	砌筑井	座		1
	ϕ1800 阀门井	座	1	1
	木质保温井盖	个	1	1
040504001003	砌筑井	座		3
	ϕ1200 消火栓井	座	3	3
	木质保温井盖	个	3	3
041101005001	井字架	座		1
	钢管井字脚手架，井深 4m 内	座	1	1
041101005002	井字架	座		7
	钢管井字脚手架，井深 2m 内	座	7	7

3. 计算综合单价

主要材料价格参照呼和浩特市2020年《工程造价信息》第5期，价格如表4-19所示。根据2017年内蒙古自治区建设工程计价依据，分析综合单价，如表4-20所示。

主要材料价格表　　表4-19

工程名称：某市政给水管道工程

序号	名　称	单位	单价
1	钢板 δ4.5～10	kg	3.51
2	钢板 δ20	kg	3.51
3	标准砖 240×115×53	千块	399.33
4	电	kW·h	0.61
5	水	m^3	5.46
6	铸铁井盖、井座 ϕ700 重型	套	550.18
7	塑料管 聚乙烯 PE100 管 *De*450	m	1125.96
8	塑料管 聚乙烯 PE100 管 *De*225	m	273.74
9	中密度聚乙烯管件(对接熔接)*De*450×*De*225 四熔四通	个	1154.90
10	中密度聚乙烯管件(对接熔接)*De*450×*De*110 一盘二熔三通	个	1100.55
11	中密度聚乙烯管件(对接熔接)*De*450 盘熔短管	个	1034.75
12	中密度聚乙烯管件(对接熔接)*De*110 双盘短管	个	90.87
13	中密度聚乙烯管件(对接熔接)*De*225 盘熔短管	个	250.68
14	中密度聚乙烯管件(对接熔接)*De*225 插堵	个	247.41
15	法兰阀门 *DN*200 蝶阀	个	259.70
16	法兰阀门 *DN*100 蝶阀	个	103.88
17	法兰阀门 *DN*400 蝶阀	个	1207.58
18	地下式消火栓 SA100/65-1.6	套	2000.00
19	柴油	kg	5.40

4. 计算分部分项工程和单价措施项目费

本工程根据招标工程量清单、综合单价分析计算分部分项工程和单价措施项目费，计算结果见表4-21。

3.3.2 计算总价措施项目费

根据招标工程量清单和常规施工方案，以及计价依据和计价办法分析总价措施项目费用，见表4-22，并将计算结果填入总价措施项目清单与计价表4-23中。

3.3.3 计算其他项目费

根据2017年内蒙古建设工程计价依据，市政工程检验试验费为分部分项工程费中人工费的1.5%。本工程检验试验费为28018.16×1.5%=420.26元，见表4-24。

表 4-20

分部分项工程和单价措施项目综合单价分析表

工程名称：某市政给水管道工程

序号	项目编码	子目名称	单位	工程量	综合单价组成(元)					金额(元)	
					人工费	材料费	机械费	管理费	利润	综合单价	合价
1	040501004001	塑料管 *De*450	m	280.00	50.68	1146.34	4.17	10.14	8.11	1219.43	341439.56
	s5-9	管道(渠)砂垫层	m^3	67.20	12.72	15.02	0.42	2.54	2.04	32.74	
	s5-333	塑料管安装(热熔对接) 管外径(450mm以内)	m	280.00	31.15	1126.06	3.63	6.23	4.98	1172.04	
	s5-858	管道试压水压试验 公称直径(400mm以内)	m	280.00	4.32	1.26	0.12	0.86	0.69	7.26	
	s5-898	管道消毒冲洗 公称直径(400mm以内)	m	280.00	2.49	4.01		0.50	0.40	7.39	
2	040501004002	塑料管 *De*225	m	50.00	23.53	287.69	1.82	4.71	3.76	321.51	16075.60
	s5-9	管道(渠)砂垫层	m^3	9.75	10.34	12.20	0.34	2.07	1.65	26.60	
	s5-329	塑料管安装(热熔对接) 管外径(250mm以内)	m	50.00	8.47	273.78	1.38	1.69	1.36	286.68	
	s5-856	管道试压水压试验 公称直径(200mm以内)	m	50.00	2.84	0.54	0.10	0.57	0.45	4.50	
	s5-896	管道消毒冲洗 公称直径(200mm以内)	m	50.00	1.88	1.17		0.38	0.30	3.73	
3	040502003001	塑料管管件 *De*450 盘熔短管	个	2	313.18	1035.69	72.51	62.63	50.11	1534.13	3068.25
	s5-1467	塑料管件安装(对接熔接) 管外径(450mm以内)*De*450 盘熔短管	个	2	313.18	1035.69	72.51	62.63	50.11	1534.13	
4	040502003002	塑料管管件 *De*450×*De*225 四熔四通	个	2	313.18	1155.84	72.51	62.63	50.11	1654.28	3308.55
	s5-1467	塑料管件安装(对接熔接) 管外径(450mm以内)*De*450×*De*225 四熔四通	个	2	313.18	1155.84	72.51	62.63	50.11	1654.28	

续表

序号	项目编码	子目名称	单位	工程量	综合单价组成(元)					金额(元)	
					人工费	材料费	机械费	管理费	利润	综合单价	合价
5	040502003003	塑料管管件　De450×De110 一盘二熔三通	个	3	313.18	1101.49	72.51	62.64	50.11	1599.93	4799.78
	s5-1467	塑料管件安装(对接熔接)　管外径(450mm 以内)De450×De110 一盘二熔三通	个	3	313.18	1101.49	72.51	62.64	50.11	1599.93	
6	040502003004	塑料管管件　De225 盘熔短管	个	8	90.31	251.44	27.65	18.06	14.45	401.91	3215.30
	s5-1463	塑料管件安装(对接熔接) 管外径(250mm 以内)De225 盘熔短管	个	8	90.31	251.44	27.65	18.06	14.45	401.91	
7	040502003005	塑料管管件　De225 插堵	个	4	90.31	248.17	27.65	18.06	14.45	398.64	1594.57
	s5-1463	塑料管件安装(对接熔接) 管外径(250mm 以内)De225 插堵	个	4	90.31	248.17	27.65	18.06	14.45	398.64	
8	040502003006	塑料管管件　De110 双盘短管	个	3	33.01	91.08	4.14	6.60	5.28	140.11	420.34
	s5-1459	塑料管件安装(对接熔接) 管外径(110mm 以内)	个	3	33.01	91.08	4.14	6.60	5.28	140.11	
9	040502005001	阀门 DN400 蝶阀	个	1	201.69	1676.50	105.83	40.34	32.27	2056.63	2056.63
	s5-1593	法兰阀门安装　公称直径(400mm 以内)蝶阀	个	1	138.04	1212.12	101.27	27.61	22.09	1501.13	
	s5-1628	阀门水压试验　公称直径(400mm 以内)	个	1	63.65	464.38	4.56	12.73	10.18	555.50	
10	040502005002	阀门 DN200 蝶阀	个	4	92.35	366.78	3.14	18.47	14.78	495.52	1982.07
	s5-1589	法兰阀门安装　公称直径(200mm 以内)蝶阀	个	4	67.73	261.87		13.54	10.84	353.98	
	s5-1626	阀门水压试验　公称直径(200mm 以内)	个	4	24.62	104.91	3.14	4.92	3.94	141.53	

续表

序号	项目编码	子目名称	单位	工程量	综合单价组成(元)					金额(元)	
					人工费	材料费	机械费	管理费	利润	综合单价	合价
11	040502005003	阀门 *DN*100 蝶阀	个	3	53.11	148.00	2.33	10.62	8.50	222.56	667.68
	s5-1586	法兰阀门安装　公称直径(100mm 以内)蝶阀	个	3	40.85	105.00		8.17	6.54	160.56	
	s5-1624	阀门水压试验　公称直径(100mm 以内)	个	3	12.26	43.00	2.33	2.45	1.96	62.00	
12	040502010001	消火栓	个	3	79.04	2136.70	5.52	15.81	12.65	2249.71	6749.14
	a9-87	室外地下式消火栓支管安装 公称直径 100(mm)	套	3	79.04	2136.70	5.52	15.81	12.65	2249.71	
13	040504001001	砌筑井	座	4	993.93	1854.76	54.75	198.79	159.03	3261.25	13045.01
	s5-1995	砖砌圆形立式蝶阀井　内径 1.20m、井室深 1.75m、井深 2.00m	座	4	831.05	1765.30	35.26	166.21	132.97	2930.79	
	s5-2538	木质保温井盖	个	4	162.88	89.46	19.49	32.58	26.06	330.46	
14	040504001002	砌筑井	座	1	1771.77	2993.57	110.96	354.36	283.48	5514.14	5514.14
	s5-1998	砖砌圆形立式蝶阀井　内径 1.80m、井室深 2.50m、井深 2.80m	座	1	1608.89	2904.11	91.47	321.78	257.42	5183.67	
	s5-2538	木质保温井盖	个	1	162.88	89.46	19.49	32.58	26.06	330.47	
15	040504001003	砌筑井	座	3	853.74	1650.95	53.81	170.75	136.60	2865.85	8597.54
	s5-2026	地下式消火栓井　支管深装井深 1.65m	座	3	690.86	1561.49	34.32	138.17	110.54	2535.38	
	s5-2538	木质保温井盖	个	3	162.88	89.46	19.49	32.58	26.06	330.47	
16	041101005001	井字架	座	1	181.91	4.91	1.37	36.38	29.11	253.68	253.68
	s5-2771	钢管井字脚手架　井深(4m 以内)	座	1	181.91	4.91	1.37	36.38	29.11	253.68	
17	041101005002	井字架	座	7	93.00	4.22	0.91	18.60	14.88	131.61	921.27
	s5-2770	钢管井字脚手架　井深(2m 以内)	座	7	93.00	4.22	0.91	18.60	14.88	131.61	

分部分项工程和单价措施项目清单与计价表

表 4-21

工程名称：某市政给水管道工程

序号	项目编码	项目名称	项目特征描述	计量单位	工程量	金额(元)		
						综合单价	合价	其中：人工费
		分部分项工程						
1	040501004001	塑料 *De*450	1. 垫层材质及厚度：200mm 砂垫层； 2. 材质及规格：聚乙烯 PE100 管，*De*450； 3. 连接形式：热熔； 4. 铺设深度：2m； 5. 管道检验及试验要求：水压试验、消毒冲洗	m	280.00	1219.43	341439.56	14190.40
2	040501004002	塑料 *De*225	1. 垫层材质及厚度：200mm 砂垫层； 2. 材质及规格：聚乙烯 PE100 管，*De*225； 3. 连接形式：热熔； 4. 铺设深度：2m； 5. 管道检验及试验要求：水压试验、消毒冲洗	m	50.00	321.51	16075.60	1176.50
3	040502003001	塑料管管件 *De*450 盘熔短管	1. 种类：盘熔短管； 2. 材质及规格：聚乙烯 PE100 管，*De*450； 3. 连接方式：热熔	个	2	1534.13	3068.25	626.36
4	040502003002	塑料管管件 *De*450×*De*225 四熔四通	1. 种类：四熔四通； 2. 材质及规格：聚乙烯 PE100 管，*De*450×*De*225； 3. 连接方式：热熔	个	2	1654.28	3308.55	626.36
5	040502003003	塑料管管件 *De*450×*De*110 一盘二熔三通	1. 种类：一盘二熔三通； 2. 材质及规格：聚乙烯 PE100 管件，*De*450×*De*110； 3. 连接方式：热熔	个	3	1599.93	4799.78	939.54

续表

序号	项目编码	项目名称	项目特征描述	计量单位	工程量	金额(元)		
						综合单价	合价	其中:人工费
6	040502003004	塑料管管件 $De225$ 盘熔短管	1. 种类:盘熔短管; 2. 材质及规格:聚乙烯 PE100 管件,$De225$; 3. 连接方式:热熔	个	8	401.91	3215.30	722.48
7	040502003005	塑料管管件 $De225$ 插堵	1. 种类:插堵; 2. 材质及规格:聚乙烯 PE100 管件,$De225$; 3. 连接方式:热熔	个	4	398.64	1594.57	361.24
8	040502003006	塑料管管件 $De110$ 双盘短管	1. 种类:双盘短管; 2. 材质及规格:聚乙烯 PE100 管件,$De110$; 3. 连接方式:热熔	个	3	140.11	420.34	99.03
9	040502005001	阀门 $DN400$ 蝶阀	1. 种类:蝶阀; 2. 材质及规格:钢制 $DN400$; 3. 连接方式:法兰连接; 4. 试验要求:水压试验	个	1	2056.63	2056.63	201.69
10	040502005002	阀门 $DN200$ 蝶阀	1. 种类:蝶阀; 2. 材质及规格:钢制 $DN200$; 3. 连接方式:法兰连接; 4. 试验要求:水压试验	个	4	495.52	1982.07	369.40
11	040502005003	阀门 $DN100$ 蝶阀	1. 种类:蝶阀; 2. 材质及规格:钢制 $DN100$; 3. 连接方式:法兰连接; 4. 试验要求:水压试验	个	3	222.56	667.68	159.33

续表

序号	项目编码	项目名称	项目特征描述	计量单位	工程量	金额(元)		
						综合单价	合价	其中:人工费
12	040502010001	消火栓	1. 规格:DN100; 2. 安装部位、方式:地下式、支管安装	个	3.000	2249.71	6749.14	237.12
13	040504001001	砌筑井	1. 名称:砖砌圆形立式蝶阀井; 2. 规格:内径 1.20m、井室深 1.75m、井深 2.00m 3. 井口保温	座	4.000	3261.25	13045.01	3975.72
14	040504001002	砌筑井	1. 名称:砖砌圆形立式蝶阀井; 2. 规格:内径 1.80m、井室深 1.80m、井深 2.80m; 3. 井口保温	座	1.000	5514.14	5514.14	1771.77
15	040504001003	砌筑井	1. 名称:地下式消火栓井; 2. 规格:支管深装井深 1.65m; 3. 井口保温	座	3.000	2865.85	8597.54	2561.22
分部小计							412534.16	28018.16
		单价措施						
16	041101005001	井字架	井深:2.8m	座	1.000	253.68	253.68	181.91
17	041101005002	井字架	井深:2m	座	7.000	131.61	921.27	651.00
分部小计							1174.95	832.91
合　计							413709.11	28851.07

总价措施项目计价分析表　　表 4-22

工程名称：某市政给水管道工程

序号	项目编码	项目名称	费率(%)	人工费(元)	其他费(元)	管理费(元)	利润(元)	合价(元)
1	041109001001	安全文明施工费	3	216.37	649.13	43.274	34.62	943.39
1.1		安全文明施工与环境保护费	2	144.25	432.75	28.85	23.08	628.93
1.2		临时设施费	1	72.12	216.38	14.424	11.54	314.46
2	041109004001	雨季施工增加费	0.5	36.06	108.19	7.212	5.77	157.23
3	041109007001	已完工程及设备保护费	0.5	36.06	108.19	7.212	5.77	157.23
4	041109003001	二次搬运费	0.01	0.72	2.16	0.144	0.12	3.14
		合计		289.21				1260.99

总价措施项目清单与计价表　　表 4-23

工程名称：某市政给水管道工程

序号		项目名称	计算基础	费率(%)	金额(元)
1	041109001001	安全文明施工费	定额人工费	3	943.39
1.1		安全文明施工与环境保护费	定额人工费	2	628.93
1.2		临时设施费	定额人工费	1	314.46
2	041109004001	雨季施工增加费	定额人工费	0.5	157.23
3	041109007001	已完工程及设备保护费	定额人工费	0.5	157.23
4	041109003001	二次搬运费	定额人工费	0.01	3.14
合　计					1260.99

其他项目清单与计价表　　表 4-24

工程名称：某市政给水管道工程

序号	项目名称	计量单位	金额(元)
1	检验试验费		420.26
合　计			420.26

3.3.4　计算规费、税金

规费：(28851.07＋289.21)×19％＝5536.65 元

税金：(413709.11＋1260.99＋420.26＋5536.65)×9％＝37883.43 元

规费、税金计算见表 4-25。

规费、税金项目清单与计价表　　表 4-25

工程名称：某市政给水管道工程

序号	项目名称	计算基础	费率(%)	金额(元)
1	规费	按费用定额规定计算	19	5536.65
1.1	社会保险费	按费用定额规定计算	14.9	4341.90
1.1.1	基本医疗保险	人工费×费率	3.7	1078.19

续表

序号	项目名称	计算基础	费率(%)	金额(元)
1.1.2	工伤保险	人工费×费率	0.4	116.56
1.1.3	生育保险	人工费×费率	0.3	87.42
1.1.4	养老失业保险	人工费×费率	10.5	3059.73
1.2	住房公积金	人工费×费率	3.7	1078.19
1.3	水利建设基金	人工费×费率	0.4	116.56
1.4	环保税	按实计取	100	
2	税金	税前工程造价×税率	9	37883.43
合　计				43420.08

3.3.5 计算工程造价

本单位工程招标控制价汇总见表 4-26。

单位工程招标控制价汇总表　　表 4-26

工程名称：某市政给水管道工程

序号	汇总内容	金额(元)	其中：暂估价(元)
1	分部分项工程及单价措施项目	413709.11	
2	总价措施项目	1260.99	
2.1	其中:安全文明措施费	943.39	
3	其他项目	420.26	
3.1	检验试验费	420.26	
4	规费	5536.65	
5	税金	37883.43	
招标控制价合计=1+2+3+4+5		458810	

3.3.6 填写总说明

总说明主要包括工程概况、招标范围及招标控制价编制的依据及有关问题说明。本工程招标控制价总说明见表 4-27。

3.3.7 填写招标控制价扉页

招标控制价扉页采用《建设工程工程量清单计价规范》GB 50500—2013 中的统一格式，扉页必须按要求填写，并签字、盖章。本工程招标控制价扉页见表 4-28。

3.3.8 填写封面

招标控制价封面采用《建设工程工程量清单计价规范》GB 50500—2013 附录中的统一格式，封面必须按要求填写，并签字、盖章，如表 4-29 所示。

总说明　　表 4-27

工程名称：某市政给水管道工程

总说明

1. 工程概况

某市政给水管道工程 K1＋720～K2＋000 段，采用聚乙烯 PE100 管，热熔焊接，阀门采用蝶阀，阀门井口采用保温井口，管道基础采用 200mm 厚砂垫层基础，ϕ1200 立式阀门井平均井深为 2.0m，ϕ1800 阀门井井深为 2.8m。

2. 招标范围

K1＋720～K2＋000 段管道及附属构筑物。

3. 该工程招标控制价的编制依据

(1)《建设工程工程量清单计价规范》GB 50500—2013 和《市政工程工程量计算规范》GB 50857—2013；

(2)2017 年《内蒙古自治区建设工程计价依据》；

(3)该市政给水管道工程施工图纸；

(4)该市政给水管道工程招标文件、招标工程量清单及其补充通知、答疑纪要；

(5)施工现场情况、工程特点及常规施工方案；

(6)《室外给水设计标准》GB 50013—2018 和《给水排水管道工程施工及验收规范》GB 50268—2008；

(7)2020 年《呼和浩特市工程造价信息》第 5 期；

(8)其他相关资料。

招标控制价扉页　　表 4-28

工程名称：某市政给水管道工程

某市政给水管道　工程

招标控制价

招标控制价(小写)458810 元

(大写)肆拾伍万捌仟捌佰壹拾元整

招　标　人：＿＿＿＿＿＿＿＿（单位盖章）

造价咨询人：＿＿＿＿＿＿＿＿（单位资质专用章）

法定代表人
或其授权人：＿＿＿＿＿＿＿＿（签字或盖章）

法定代表人
或其授权人：＿＿＿＿＿＿＿＿（签字或盖章）

编　制　人：＿＿＿＿＿＿＿＿（造价人员签字盖专用章）

复　核　人：＿＿＿＿＿＿＿＿（造价工程师签字盖专用章）

编制时间：　年　月　日

复核时间：　年　月　日

招标控制价封面　　表 4-29

工程名称：某市政给水工程

某市政给水管道 工程

招标控制价

招　标　人：________________

（单位盖章）

造价咨询人：________________

（单位资质专用章）

年　月　日

3.3.9 装订

招标控制价按图 4-9 的顺序装订。

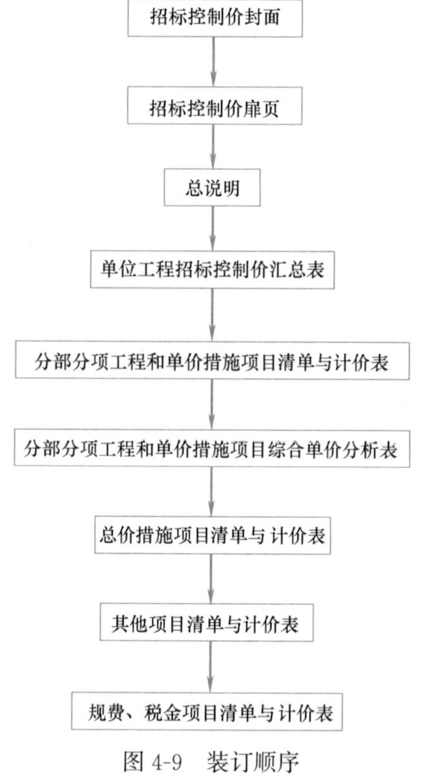

图 4-9　装订顺序

项目5　市政污水管道工程计量与计价

【项目实训目标】 市政污水管道工程计价方式有定额计价和清单计价。学生通过本实训项目训练达到以下目标：

1. 能够编制市政污水管道工程施工图预算；
2. 能够编制市政污水管道工程工程量清单；
3. 能够编制市政污水管道工程招标控制价、投标报价；
4. 能够编制市政污水管道工程竣工结算。

工程案例：

项目5
案例图纸

本案例为某市政污水管道工程，工程位置及施工环境较常规。设计说明如下：

1. 本次施工图设计为某道路（K0＋040～K0＋280段）范围的污水管道，施工平面图如图5-1所示，纵断面图如图5-2所示。

2. 设计依据为设计委托书、测量资料、《室外排水设计标准》GB 50014—2021、《市政排水管道工程及附属设施》06MS201、《给水排水管道工程施工及验收规范》GB 50268—2008。

3. 污水管道采用国标Ⅱ级钢筋混凝土管，干管为D700×2000mm，支管为D600×2000mm，管道基础采用强度等级为C15的120°混凝土管道基础，钢丝网水泥砂浆抹带接口，基础断面如图5-3所示，管基尺寸如表5-1所示。

4. 检查井按照《市政排水管道工程及附属设施》06MS201《排水检查井》进行设计，车行道上检查井井盖采用重型球墨铸铁井盖，井口标高应与道路路面平齐，绿化带上检查井井盖采用轻型球墨铸铁井盖，井口高出自然地面200mm。

5. 预留支管由主线污水检查井接出，预留支管与主管线管顶平接，另一端位于绿化带，管径为D600，坡度3‰，坡向主管线。预留支管的末端建检查井，井口高出自然地面200mm，井盖采用轻型球墨铸铁井盖。

6. 沟槽开挖应严格控制基底高程，不得扰动基面，沟槽各部位尺寸及开挖要求应严格执行《给水排水管道工程施工及验收规范》GB 50268—2008。

7. 管道沟槽地基、管基施工检验合格后才能开始安装管道，管道施工安装完毕后必须进行无压管道严密性试验，试验采用闭水法进行，具体做法和要求详见《给水排水管道工程施工及验收规范》GB 50268—2008。

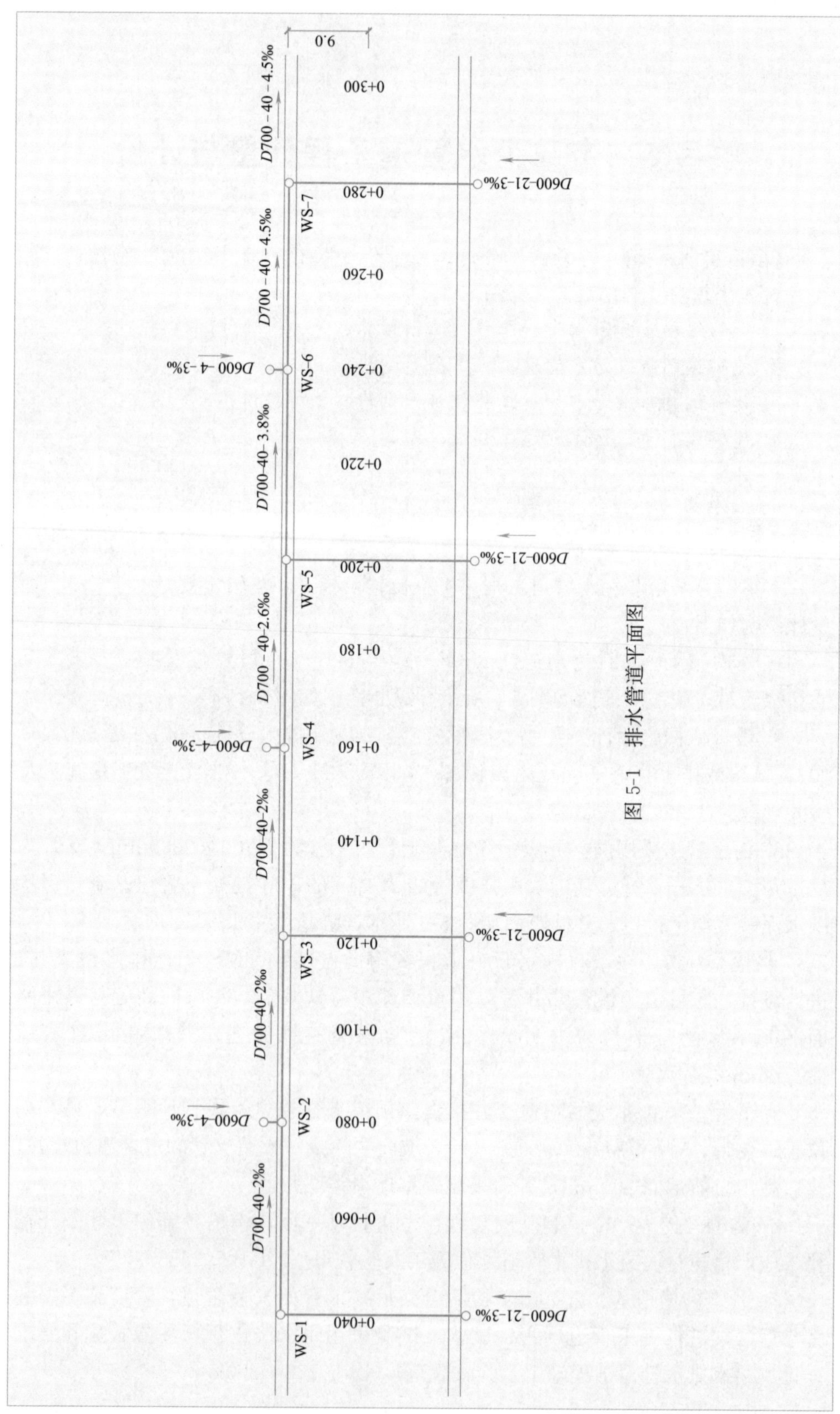

WS-1
WS-2
WS-3
WS-4
WS-5
WS-6
WS-7
0+040
0+060
0+080
0+100
0+120
0+140
0+160
0+180
0+200
0+220
0+240
0+260
0+280
0+300
9.0
D700-40-2‰
D700-40-2‰
D700-40-2‰
D700-40-2.6‰
D700-40-3.8‰
D700-40-4.5‰
D700-40-4.5‰
D600-4-3‰
D600-4-3‰
D600-4-3‰
D600-21-3‰
D600-21-3‰
D600-21-3‰
D600-21-3‰

图 5-1 排水管道平面图

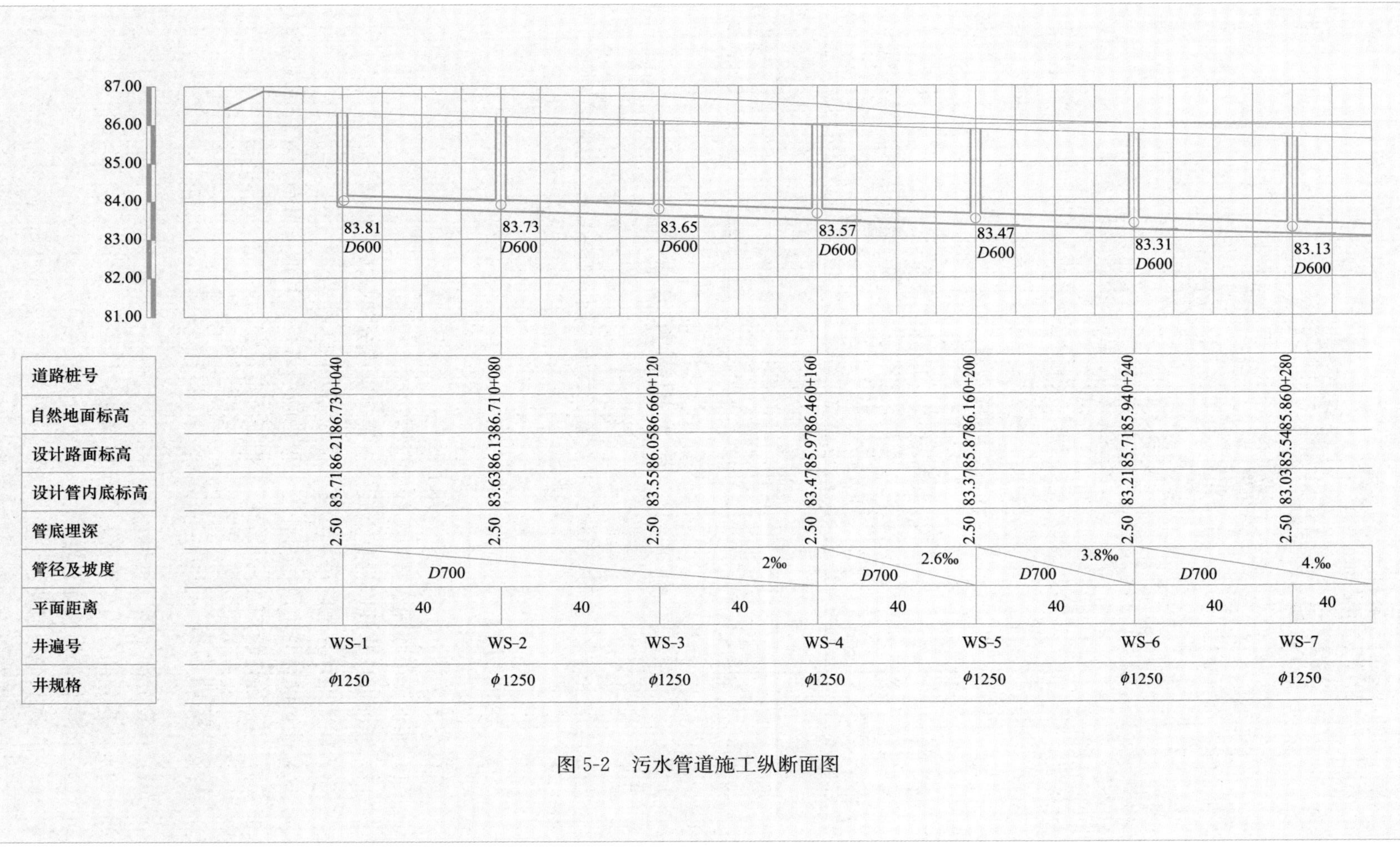

图 5-2 污水管道施工纵断面图

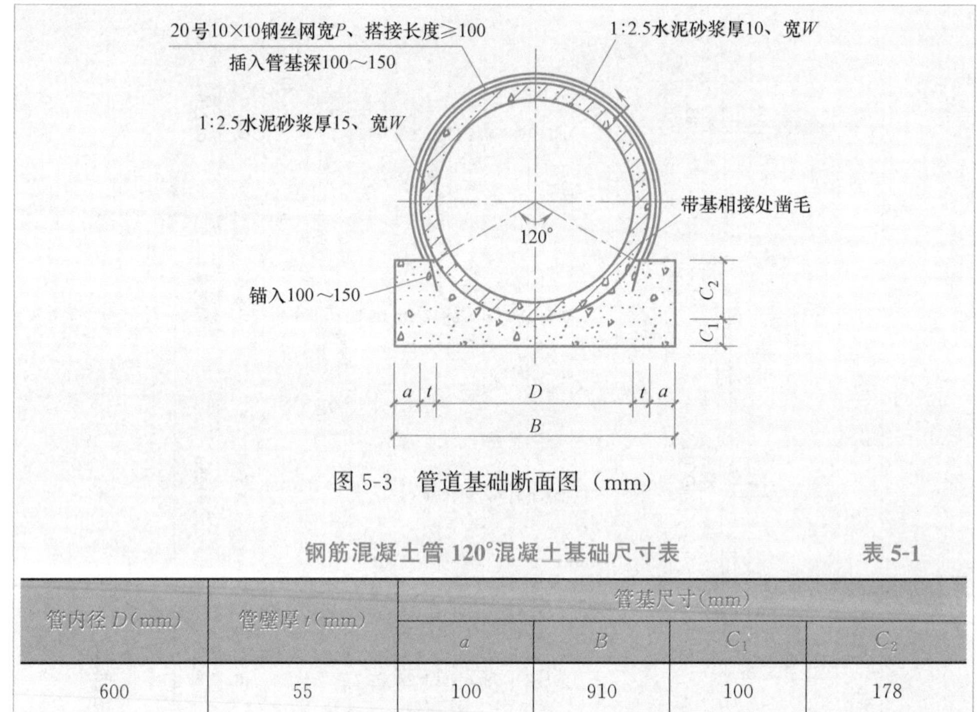

图 5-3　管道基础断面图（mm）

钢筋混凝土管 120°混凝土基础尺寸表　　　　表 5-1

管内径 D(mm)	管壁厚 t(mm)	管基尺寸(mm)			
		a	B	C_1	C_2
600	55	100	910	100	178
700	60	100	1020	100	205

任务 1　施工图预算编制

暂不考虑土方，以前述市政污水管道工程施工图 5-1～图 5-3 为例编制施工图预算。

1.1　实训目的

通过本次实训，使学生具备如下能力：

（1）能识读市政污水管道工程施工图；

（2）能根据计算规则计算市政污水管道工程分部分项工程量；

（3）能正确计算市政污水管道工程分部分项工程费；

（4）能正确计算市政污水管道工程措施项目费、其他项目费、规费、税金；

（5）能正确计算市政污水管道工程工程造价。

1.2　实训内容

（1）计算分部分项工程量；

（2）计算分部分项工程费及单价措施费；

（3）计算总价措施项目费；

（4）计算其他项目费；

（5）计算规费；

（6）计算税金；

（7）计算工程造价。

1.3　实训步骤与指导

1.3.1　确定施工方案

根据地勘资料，土质为一、二类土。根据现场条件，采用开槽施工，反铲挖掘机挖土，坑边作业，槽底留20cm人工清底。干管沟槽平均挖深3.1m，放坡开挖，边坡采用1∶0.75，人机配合下管，砌筑检查井，闭水试验合格后回填，余土由装载机装车，自卸汽车外运至10km处弃土场。

施工程序如图5-4所示。现浇混凝土平基、管座采用复合木模，砌筑检查井采用钢管井字架。

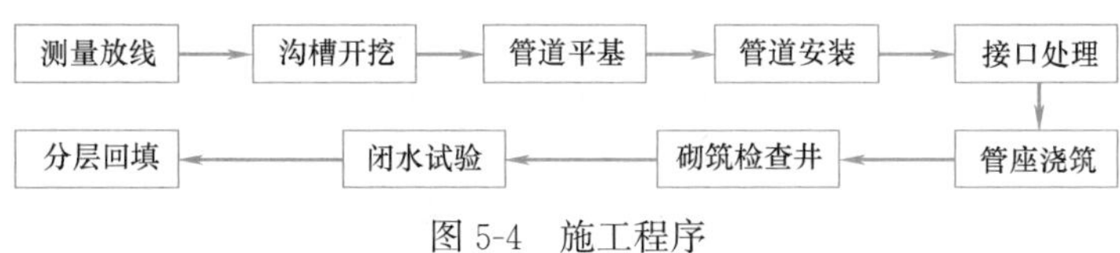

图5-4　施工程序

1.3.2　计算工程量

根据该市政污水管道工程施工图纸计算工程量，如表5-2所示。

工程量计算书　　表5-2

工程名称：某市政污水管道工程

序号	项目名称	单位	工程量计算公式	工程量
1	钢筋混凝土管道			
	*D*700	m	(280−40)−(1/2×0.95+0.95×5+1/2×0.95)	234.30
	*D*600	m	[21−1/2×(0.95+0.7)]×4+[4−1/2×(0.95+0.7)]×3	90.23
2	混凝土平基	m³	1.02×0.1×234.30+0.91×0.1×90.23	32.11
3	混凝土管座	m³	外半径：0.7/2+0.06=0.41 0.6/2+0.55=0.355 [1.02×0.205+1/2×0.41×sin30°×0.41×cos30°×2−1/3×π×0.41²]×234.3+[0.91×0.178+1/2×0.355×sin30°×0.355×cos30°×2−1/3×π×0.355²]×90.23	32.46
4	钢丝网水泥砂浆抹带接口			
	*D*700	个	两井之间管道净长：40−0.95=39.05m 两井间接口个数：39.05÷2=19.53(取19) 接口总数：19×6=114个	114
	*D*600	个	支管管道净长：21−(0.95+0.7)/2=20.175m 4−(0.95+0.7)/2=3.175m 接口个数：20.175÷2=10.09(取10) 3.175÷2=1.59(取1) 接口总数：10×4+1×3=43个	43

续表

序号	项目名称	单位	工程量计算公式	工程量
5	钢筋混凝土管道截断			
	D700	根	两检查井之间的管段净长为 39.05m，需要 19 根混凝土管+1.05m，需要截断 1 根管； 管道截断的工程量：1×6=6 根	6
	D600		井间距为 21m 的管段净长为 20.175m，需要 10 根混凝土管+0.175m，需要截断 1 根管； 井间距为 4m 的管段净长为 3.175m，需要 1 根混凝土管+1.175m，需要截断 1 根管； 管道截断的工程量：1×4+1×3=7 根	7
6	砖砌盖板式圆形定型污水检查井			
	ϕ1250	座		7
	ϕ1000	座		7
7	闭水试验			
	D700	m	280−40+0.5×1.25×2	241.25
	D600	m	[21+0.5×(1.25+1)]×4+[4+0.5×(1.25+1)]×3	103.88
8	井字架	座	7+7	14
9	模板			
	平基模板	m^2	0.1×(234.30+90.23)×2	64.91
	管座模板	m^2	(0.205×234.30+0.178×90.23)×2	128.18

1.3.3 计算分部分项及单价措施项目费

分部分项及单价措施项目费计算结果见表 5-3。

工程预算表 表 5-3

工程名称：某市政污水管道工程

序号	定额号	工程项目名称	单位	工程量	单价（元）	合价（元）	其中：人工费（元）	
							单价	合价
1		分部分项				94573.25		37686.36
2	s5-51	平接（企口）钢筋混凝土管道铺设　人机配合下管　管径 700mm 内	m	234.30	28.312	6633.53	16.515	3869.37
3	s5-50	平接（企口）钢筋混凝土管道铺设　人机配合下管　管径 600mm 内	m	90.23	23.976	2163.31	13.818	1246.83
4	s5-19	管道（渠）混凝土基础平基　混凝土	m^3	32.11	398.050	12781.39	103.586	3326.15
5	s5-26	管道（渠）混凝土管座现浇	m^3	32.46	485.767	15768.00	161.803	5252.13

续表

序号	定额号	工程项目名称	单位	工程量	单价（元）	合价（元）	其中：人工费（元）	
							单价	合价
6	s5-690	钢丝网水泥砂浆抹带接口（120°混凝土基础）管径700mm内	个口	114	56.192	6405.89	35.167	4009.04
7	s5-689	钢丝网水泥砂浆抹带接口（120°混凝土基础）管径600mm内	个口	43	47.744	2052.99	29.813	1281.96
8	s5-842	管道闭水试验 管径800mm以内	m	241.25	10.509	2535.32	4.404	1062.37
9	s5-841	管道闭水试验 管径600mm以内	m	103.88	7.036	730.89	3.101	322.09
10	s5-979	有筋混凝土管截断 管径800mm以内	根	6	76.777	460.66	56.454	338.72
11	s5-978	有筋混凝土管截断 管径600mm以内	根	7	51.117	357.82	37.586	263.10
12	s5-2046	砖砌盖板污水检查井 内径1000、管径200～600、井深2.75m	座	7	2784.790	19493.53	1024.250	7169.75
13	s5-2047	砖砌盖板污水检查井 内径1250、管径600～800mm、井深3.1m	座	7	3598.560	25189.92	1363.550	9544.85
14		单价措施				16378.43		10167.26
15	s5-2716	现浇混凝土管、渠道平基模板，钢模	m^2	64.91	50.711	3291.67	27.934	1813.22
16	s5-2718	现浇混凝土管座模板，钢模	m^2	128.18	74.379	9533.84	45.306	5807.30
17	s5-2771	钢管井字脚手架，井深4m以内	座	14	253.780	3552.92	181.910	2546.74
合　计						110951.68		47853.62

1.3.4　计算总价措施项目费

根据计价依据和计价办法分析总价措施项目费用，各项结果见表5-4。将计算结果填入总价措施项目计价表5-5中。

总价措施项目计价分析表　　表5-4

工程名称：某市政污水管道工程

序号	项目名称	费率(%)	人工费(元)	其他费(元)	管理费(元)	利润(元)	合价(元)
1	安全文明施工费	3	358.9	1076.71	71.78	57.42	1564.81
1.1	安全文明施工与环境保护费	2	239.27	717.8	47.854	38.28	1043.20
1.2	临时设施费	1	119.63	358.91	23.926	19.14	521.61
2	雨季施工增加费	0.5	59.82	179.45	11.964	9.57	260.80

续表

序号	项目名称	费率(%)	人工费(元)	其他费(元)	管理费(元)	利润(元)	合价(元)
3	已完工程及设备保护费	0.5	59.82	179.45	11.964	9.57	260.80
4	二次搬运费	0.01	1.2	3.59	0.24	0.19	5.22
	合计		479.74				2091.63

总价措施项目计价表　　表 5-5

工程名称：某市政污水管道工程

序号	项 目 名 称	计算基础	费率(%)	金额(元)
1	安全文明施工费	定额人工费	3	1564.81
1.1	安全文明施工与环境保护费	定额人工费	2	1043.20
1.2	临时设施费	定额人工费	1	521.61
2	雨季施工增加费	定额人工费	0.5	260.80
3	已完工程及设备保护费	定额人工费	0.5	260.80
4	二次搬运费	定额人工费	0.01	5.22
合　计				2091.63

1.3.5　计算材差、未计价主材费

材差、未计价主材费计算结果分别见表 5-6、表 5-7。

材料价差调整表　　表 5-6

工程名称：某市政污水管道工程

序号	名称	单位	数量	定额价(元)	市场价(元)	价差(元)	价差合计(元)
1	标准砖 240×115×53	千块	22.19	360.36	399.33	38.97	864.86
2	电	kW·h	55.34	0.58	0.61	0.03	1.66
3	水	m^3	213.42	5.27	5.46	0.19	40.55
4	铸铁井盖、井座 ϕ700 重型	套	7	478.76	550.18	71.42	499.94
5	铸铁井盖、井座 ϕ700 轻型	套	7	478.76	372.74	−106.06	−742.42
6	预拌混凝土 C15	m^3	70.98	247.35	271.84	24.49	1738.23
7	柴油	kg	98.47	6.39	5.40	−0.99	−97.49
8	电	kW·h	65.62	0.58	0.61	0.03	1.97
合　计							2307.30

单位工程未计价主材费表　　表 5-7

工程名称：某市政污水管道工程

序号	工、料、机名称	单位	数量	定额价(元)	合价(元)
1	钢筋混凝土管 *D*600	m	91.132	174.00	15856.97
2	钢筋混凝土管 *D*700	m	236.643	212.00	50168.32
合　计					66025.29

1.3.6 计算规费、税金

规费：(47853.62+479.74)×19%=9183.34 元

税金：(110951.68+2091.63+565.30+68332.59+9183.34)×9%=17201.21 元

规费、税金计算结果见表 5-8。

1.3.7 计算工程造价

工程造价=分部分项及单价措施项目费+总价措施项目费+其他项目费+价差调整及主材费+规费+税金

工程造价计算结果见 5-8。

单位工程取费表 表 5-8

工程名称：某市政污水管道工程

序号	项目名称	计算公式或说明	费率(%)	金额
1	分部分项及单价措施项目	按规定计算		110951.68
2	总价措施项目	按规定计算		2091.63
3	其他项目费(材料检验试验费)	按费用定额规定计算		565.30
4	价差调整及主材	以下分项合计		68332.59
4.1	其中:单项材料调整	详见材料价差调整表(表 5-6)		2307.30
4.2	其中:未计价主材费	定额未计价材料		66025.29
5	规费	按费用定额规定计算	19	9183.34
6	税金	按费用定额规定计算	9	17201.21
7	工程造价	以上合计		208326

1.3.8 填写编制说明

编制说明主要内容有工程概况、编制依据等，如表 5-9 所示。

编制说明 表 5-9

工程名称：某市政污水管道工程

编制说明

1. 工程概况：

某道路 K0+040～K0+280 段污水管道工程，采用钢筋混凝土平口管道，钢丝网水泥砂浆抹带接口，采用强度等级为 C15 的 120°混凝土管道基础。干管为 D700×2000mm，支管为 D600×2000mm。干管上检查井为 ϕ1250 砖砌盖板式圆形定型污水检查井，支管上检查井为 ϕ1000 砖砌盖板式圆形定型污水检查井。

2. 编制依据：

(1)该污水管道工程施工图纸；

(2)2017 年《内蒙古自治区建设工程费用定额》；

(3)2017 年《内蒙古自治区市政工程预算定额》第四册《市政管网工程》；

(4)本工程主要材料价格采用 2020 年《呼和浩特市工程造价信息》第 5 期。

1.3.9 填写封面

封面的填写见表 5-10。

封面 表 5-10

工程名称：某市政污水管道工程

工 程 预 算 书
工程名称：某市政污水管道工程
建设单位：
施工单位：
工程造价：208326 元
造价大写：贰拾万捌仟叁佰贰拾陆元整
资格证章：
编制日期：

1.3.10 装订

施工图预算按图 5-5 的顺序装订。

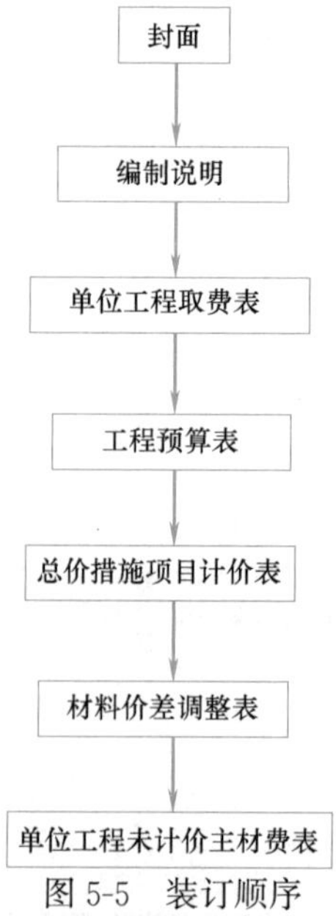

图 5-5 装订顺序

任务2 招标工程量清单编制

某建设单位拟对前述市政污水管道工程 K0＋040～K0＋280 段进行招标，暂不考虑土方，编制该工程工程量清单。

2.1 实训目的

通过本次实训，使学生具备如下能力：

（1）能识读市政污水管道工程施工图；

（2）能根据《市政工程工程量计算规范》GB 50857—2013 计算市政污水管道工程工程量；

（3）能正确编制市政污水管道工程分部分项工程量清单；

（4）能正确编制市政污水管道工程措施项目清单；

（5）能正确编制市政污水管道工程其他项目清单；

（6）能正确编制市政污水管道工程规费与税金项目清单。

2.2 实训内容

（1）计算清单工程量；

（2）编制分部分项工程及单价措施项目清单；

（3）编制总价措施项目清单；

（4）编制其他项目清单；

（5）编制规费与税金项目清单。

2.3 实训步骤与指导

2.3.1 计算清单工程量

清单工程量根据市政污水管道工程施工图 5-1～图 5-3，依据《市政工程工程量计算规范》GB 50857—2013 中的工程量计算规则计算。本市政污水管道工程分部分项清单工程量计算结果见表 5-11。

清单工程量计算书　　表 5-11

工程名称：某市政污水管道工程

序号	项目名称	单位	工程量计算公式	工程量
1	D700 钢筋混凝土管道	m	280－40	240.00
2	D600 钢筋混凝土管道	m	21×4＋4×3	96.00
3	ϕ1250 砖砌盖板式圆形定型污水检查井	座		7
4	ϕ1000 砖砌盖板式圆形定型污水检查井	座		7
5	井字架	座		7
6	管道平基模板	m^2	0.1×(240＋96)×2	67.20
7	管道管座模板	m^2	0.178×96×2＋0.205×240×2	132.58

2.3.2 编制分部分项工程和单价措施项目清单

分部分项工程和单价措施项目清单依据《建设工程工程量清单计价规范》GB 50500—2013 和《市政工程工程量计算规范》GB 50857—2013 有关规定及相关的标准、规范等编制。本工程分部分项工程和单价措施项目清单见表 5-12。

分部分项工程和单价措施项目清单与计价表　　　　表 5-12

工程名称：某市政污水管道工程

序号	项目编号	项目名称	项目特征描述	计量单位	工程量	金额(元)	
						综合单价	合价
1	040501001001	D700 钢筋混凝土管	1. 基础材质及厚度：C15 混凝土基础，305mm； 2. 管座材质：C15 混凝土管座； 3. 规格：D700； 4. 接口方式：钢丝网水泥砂浆抹带接口； 5. 铺设深度：2.5m； 6. 混凝土管截断； 7. 管道检验及试验要求：闭水试验	m	240.00		
2	040501001002	D600 钢筋混凝土管	1. 基础(平基)材质及厚度：C15 混凝土基础，278mm； 2. 管座材质：C15 混凝土管座； 3. 规格：D600； 4. 接口方式：钢丝网水泥砂浆抹带接口； 5. 铺设深度：2.4m； 6. 混凝土管截断； 7. 管道检验及试验要求：闭水试验	m	96.00		
3	040504001001	砌筑井	1. 名称：砖砌圆形污水检查； 2. ϕ1250； 3. 做法详见 06mS201-3-24	座	7		
4	040504001002	砌筑井	1. 名称：砖砌圆形污水检查； 2. ϕ1000； 3. 做法详见 06mS201-3-24	座	7		
5	041101005001	井字架	井深：2.56m	座	7		
6	041102031001	管道平基模板	构件类型：管道平基	m^2	67.20		
7	041102032001	管道管座模板	构件类型：管道管座	m^2	132.58		

2.3.3 编制总价措施项目清单

总价措施项目清单依据《建设工程工程量清单计价规范》GB 50500—2013 和《市政工程工程量计算规范》GB 50857—2013 有关规定及施工现场情况、工程特点、常规施工方案等编制，见表 5-13。

总价措施项目清单与计价表　　表 5-13

工程名称：某市政污水管道工程

序号	项目编码	项 目 名 称	计算基础	费率(%)	金额(元)
1	041109001001	安全文明施工费			
1.1		安全文明施工与环境保护费			
1.2		临时设施费			
2	041109004001	雨季施工增加费			
3	041109007001	已完工程及设备保护费			
4	041109003001	二次搬运费			

2.3.4 编制其他项目清单

其他项目清单依据《建设工程工程量清单计价规范》GB 50500—2013 相关规定及国家、省级、行业建设主管部门颁发的计价依据和办法编制。

本工程其他项目清单依据《建设工程工程量清单计价规范》GB 50500—2013 和 2017 年《内蒙古自治区建设工程费用定额》编制，结果见表 5-14。

其他项目清单与计价表　　表 5-14

工程名称：某市政污水管道工程

序号	项目名称	计量单位	金额(元)	备注
1	检验试验费			
合　计				—

2.3.5 编制规费、税金项目清单

规费、税金项目清单依据《建设工程工程量清单计价规范》GB 50500—2013 相关规定及国家、省级、行业建设主管部门颁发的计价依据和办法编制。

本市政污水管道工程规费、税金项目清单依据《建设工程工程量清单计价规范》GB 50500—2013 和 2017 年《内蒙古自治区建设工程费用定额》编制，结果见表 5-15。

规费、税金项目清单与计价表　　表 5-15

工程名称：某市政污水管道工程

序号	项 目 名 称	计算基础	费率(%)	金额(元)
1	规费	按费用定额规定计算		
1.1	社会保险费	按费用定额规定计算		
1.1.1	基本医疗保险	人工费×费率		

续表

序号	项目名称	计算基础	费率(%)	金额(元)
1.1.2	工伤保险	人工费×费率		
1.1.3	生育保险	人工费×费率		
1.1.4	养老失业保险	人工费×费率		
1.2	住房公积金	人工费×费率		
1.3	水利建设基金	人工费×费率		
1.4	环保税	按实计取		
2	税金	税前工程造价×税率		

2.3.6 填写总说明

总说明主要填写工程概况、招标范围及工程量清单编制的依据及有关问题说明。本工程工程量清单总说明见表 5-16。

总说明　　表 5-16

工程名称：某市政污水管道工程

总说明

1. 工程概况

某市政污水管道工程 K0+040～K0+280 段，采用钢筋混凝土平口管道，钢丝网水泥砂浆抹带接口，采用强度等级为 C15 的 120°混凝土管道基础，ϕ1250 砖砌圆形定型污水检查井。干管为 D700×2000mm，支管为 D600×2000mm。

2. 招标范围

污水管道干管、支管及其附属构筑物。

3. 工程量清单的编制依据

(1)《建设工程工程量清单计价规范》GB 50500—2013 和《市政工程工程量计算规范》GB 50857—2013；

(2)2017 年《内蒙古自治区建设工程计价依据》；

(3)该污水管道工程施工图纸；

(4)《市政排水管道工程及附属设施》06MS201 及《给水排水管道工程施工及验收规范》GB 50268—2008；

(5)该市政污水管道工程招标文件；

(6)施工现场情况、工程特点及常规施工方案；

(7)其他相关资料。

2.3.7　填写工程量清单扉页

工程量清单扉页采用《建设工程工程量清单计价规范》GB 50500—2013 中的统一格式，扉页必须按要求填写，并签字、盖章。本工程工程量清单扉页见表 5-17。

招标工程量清单扉页　　表 5-17

工程名称：某市政污水管道工程

某市政污水管道　工程

招标工程量清单

招　标　人：____________（单位盖章）

造价咨询人：____________（单位资质专用章）

法定代表人
或其授权人：____________（签字或盖章）

法定代表人
或其授权人：____________（签字或盖章）

编　制　人：____________（造价人员签字盖专用章）

复　核　人：____________（造价工程师签字盖专用章）

编制时间：　年　月　日　　　复核时间：　年　月　日

2.3.8 填写封面

招标工程量清单封面采用《建设工程工程量清单计价规范》GB 50500—2013 中的统一格式，封面必须按要求填写，并签字、盖章。本工程招标工程量清单封面见表 5-18。

招标工程量清单封面 表 5-18

工程名称：某市政污水管道工程

<table><tr><td>

某市政污水管道 工程

招标工程量清单

招 标 人：____________________
（单位盖章）

造价咨询人：____________________
（单位资质专用章）

年 月 日

</td></tr></table>

2.3.9　装订

招标工程量清单按图 5-6 的顺序装订。

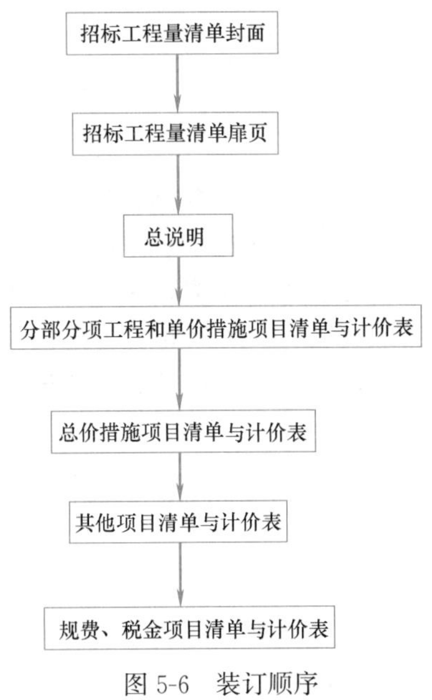

图 5-6　装订顺序

任务 3　招标控制价编制

编制前述市政污水管道工程招标控制价（暂不考虑土方）。

3.1　实训目的

通过本次实训，使学生具备如下能力：

（1）能识读市政污水管道工程施工图；

（2）能根据计算规则计算市政污水管道工程工程量；

（3）能正确计算市政污水管道工程分部分项工程费；

（4）能正确计算市政污水管道工程措施项目费；

（5）能正确计算市政污水管道工程其他项目费；

（6）能正确计算市政污水管道工程规费与税金；

（7）能正确计算市政污水管道工程招标控制价。

3.2　实训内容

（1）计算计价工程量；

（2）计算分部分项工程和单价措施项目综合单价；

（3）计算分部分项工程和单价措施项目费；

（4）计算总价措施项目费；

（5）计算其他项目费；

(6) 计算规费与税金;

(7) 计算招标控制价。

3.3 实训步骤与指导

3.3.1 计算分部分项工程和单价措施项目费

1. 确定施工方案

根据地勘资料,土质为一、二类土。根据现场条件,采用开槽施工,反铲挖掘机挖土,坑边作业,槽底留 20cm 人工清底。干管沟槽平均挖深 3.1m,放坡开挖,边坡采用 1∶0.75,人机配合下管,砌筑检查井,闭水试验合格后回填,余土由装载机装车,自卸汽车外运至 10km 处弃土场。

施工程序如图 5-7 所示。现浇混凝土平基、管座采用复合木模,砌筑检查井采用钢管井字架。

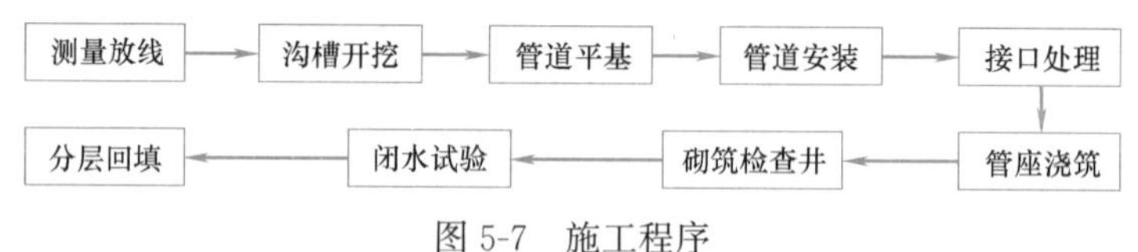

图 5-7 施工程序

2. 计算每个清单的计价工程量

根据该市政污水管道工程施工图纸计算工程量,如表 5-19 所示。

计价工程量计算书 表 5-19

工程名称:某市政污水管道工程

项目编码	项目名称	单位	工程量计算公式	工程量
040501001001	D700 钢筋混凝土管	m		240.00
	D700 钢筋混凝土管	m	(280−40)−(1/2×0.95+0.95×5+1/2×0.95)	234.30
	混凝土平基	m^3	1.02×0.1×234.30	23.90
	混凝土管座	m	外半径:0.7/2+0.06=0.41 [1.02×0.205+1/2×0.41×sin30°×0.41×cos30°×2−1/3×π×0.41^2]×234.3	24.82
	钢丝网水泥砂浆抹带接口	个	两井之间管道净长:40−0.95=39.05m; 两井间接口个数:39.05÷2=19.53(取19); 接口总数:19×6=114 个	114
	钢筋混凝土管道截断	根	两检查井之间的管段净长为 39.05m,需要 19 根混凝土管+1.05m,需要截断 1 根管; 管道截断的工程量为 1×6=6 根	6
	闭水试验	m	280−40+0.5×1.25×2	241.25
040501001002	D600 钢筋混凝土管	m		96.00

续表

项目编码	项目名称	单位	工程量计算公式	工程量
	D600钢筋混凝土管	m	[21−1/2×(0.95+0.7)]×4+[4−1/2×(0.95+0.7)]×3	90.23
	混凝土平基	m^3	0.91×0.1×90.23	8.21
	混凝土管座	m	外半径:0.7/2+0.06=0.41 $[0.91\times0.178+1/2\times0.355\times\sin30°\times0.355\times\cos30°\times2-1/3\times\pi\times0.355^2]\times90.23$	7.64
	钢丝网水泥砂浆抹带接口	个	支管管道净长:21−(0.95+0.7)/2=20.175m 4−(0.95+0.7)/2=3.175m 接口个数:20.175÷2=10.09(取10) 3.175÷2=1.59(取1) 接口总数:10×4+1×3=43个	43
	钢筋混凝土管道截断	根	井间距为21m的管段净长为20.175m,需要10根混凝土管+0.175m,需要截断1根管; 井间距为4m的管段净长为3.175m,需要1根混凝土管+1.175m,需要截断1根管; 管道截断的工程量为1×4+1×3=7根	7
	闭水试验	m	[21+0.5×(1.25+1)]×4+[4+0.5×(1.25+1)]×3	103.88
040504001001	砌筑井	座		7
	ϕ1250砖砌盖板式圆形污水检查井	座		7
040504001002	砌筑井	座		7
	ϕ1000砖砌盖板式圆形污水检查井	座		7
041101005001	井字架	座		7
	井字架	座		7
041102031001	管道平基模板	m^2		67.20
	管道平基模板	m^2	0.1×(234.30+90.23)×2	64.91
041102032001	管道管座模板	m^2		132.58
	管道管座模板	m^2	(0.205×234.30+0.178×90.23)×2	128.18

3. 计算综合单价

主要材料价格参照2020年《呼和浩特市工程造价信息》第5期信息价，价格如表5-20所示。根据2017年《内蒙古自治区建设工程计价依据》，分析综合单价，如表5-21所示。

主要材料价格表 表 5-20

工程名称：某市政污水管道工程

序号	名称	单位	单价
1	标准砖 240×115×53	千块	399.33
2	电	kW·h	0.61
3	水	m^3	5.46
4	铸铁井盖、井座 ϕ700 轻型	套	372.74
5	铸铁井盖、井座 ϕ700 重型	套	550.18
6	预拌混凝土 C15	m^3	271.84
7	钢筋混凝土管 *D*700	m	212.00
8	钢筋混凝土管 *D*600	m	174.00

表 5-21 中序号为 1 的 *D*700 钢筋混凝土管清单综合单价分析计算如下：

由该招标工程量清单的项目特征（表 5-12）及计量规范的工程内容可知，该清单工作内容包括管道铺设、管道基础、管道接口、管道截断、闭水试验，根据 2017 年《内蒙古自治区建设工程费用定额》进行计算：

完成 1m *D*700 钢筋混凝土管清单管道铺设工作所需的人工费为 16.12 元/m；

完成 1m *D*700 钢筋混凝土管清单浇筑平基所需的人工费为 10.32 元/m；

完成 1m *D*700 钢筋混凝土管清单浇筑管座所需的人工费为 16.73 元/m；

完成 1m *D*700 钢筋混凝土管清单管道接口工作内容所需的人工费为 16.70 元/m；

完成 1m *D*700 钢筋混凝土管清单闭水试验工作所需的人工费为 4.43 元/m；

完成 1m *D*700 钢筋混凝土管清单管道截断工作所需的人工费为 1.41 元/m。

于是：

完成 1m *D*700 钢筋混凝土管清单项目所有工作内容所需的人工费为：

16.12＋10.32＋16.73＋16.70＋4.43＋1.41＝65.71 元/m

同理可计算：

完成 1m *D*700 钢筋混凝土管清单项目所有工作内容所需的材料费为 275.85 元/m；

完成 1m *D*700 钢筋混凝土管清单项目所有工作内容所需的机械费为 5.55 元/m；

完成 1m *D*700 钢筋混凝土管清单项目所有工作内容产生的管理费为 13.13 元/m；

完成 1m *D*700 钢筋混凝土管清单项目所有工作内容取得的利润为 10.51 元/m。

于是：

*D*700 钢筋混凝土管清单项目的综合单价为：

65.71＋275.85＋5.55＋13.13＋10.51＝370.76 元/m

4. 计算分部分项工程和单价措施项目费

本工程根据招标工程量清单、综合单价分析计算分部分项工程和单价措施项目费，计算结果见表 5-22。

分部分项工程和单价措施项目综合单价分析表

表 5-21

工程名称：某市政污水管道工程

序号	项目编码	子目名称	单位	工程量	综合单价组成(元)					金额(元)	
					人工费	材料费	机械费	管理费	利润	综合单价	合价
1	040501001001	*D*700 钢筋混凝土管	m	240.00	65.71	275.85	5.55	13.13	10.51	370.76	88984.56
	s5-51	平接(企口)钢筋混凝土管道铺设,人机配合下管,管径 700mm 以内	m	234.30	16.12	209.03	5.49	3.22	2.58	236.45	
	s5-19	管道(渠)混凝土基础平基,混凝土	m^3	23.90	10.32	28.08		2.06	1.65	42.11	
	s5-26	管道(渠)混凝土管座,现浇	m^3	24.82	16.73	30.05		3.35	2.68	52.81	
	s5-690	钢丝网水泥砂浆抹带接口(120°混凝土基础),管径 700mm 以内	个口	114.00	16.70	3.93	0.04	3.34	2.67	26.69	
	s5-842	管道闭水试验,管径 800mm 以内	m	241.250	4.43	4.75	0.01	0.89	0.71	10.78	
	s5-979	有筋混凝土管截断,管径 800mm 以内	根	6.000	1.41			0.28	0.23	1.92	
2	040501001002	*D*600 钢筋混凝土管	m	96.000	54.17	218.80	4.72	10.83	8.67	297.19	28530.53
	s5-50	平接(企口)钢筋混凝土管道铺设,人机配合下管,管径 600mm 以内	m	90.230	12.99	165.18	4.68	2.60	2.08	187.52	
	s5-19	管道(渠)混凝土基础平基,混凝土	m^3	8.210	8.86	24.11		1.77	1.42	36.16	
	s5-26	管道(渠)混凝土管座,现浇	m^3	7.640	12.88	23.13		2.58	2.06	40.64	
	s5-689	钢丝网水泥砂浆抹带接口(120°混凝土基础),管径 600mm 以内	个口	43.000	13.35	3.19	0.03	2.67	2.14	21.39	
	s5-841	管道闭水试验,管径 600mm 以内	m	103.880	3.36	3.18	0.01	0.67	0.54	7.75	
	s5-978	有筋混凝土管截断,管径 600mm 以内	根	7.000	2.74			0.55	0.44	3.73	
3	040504001001	砌筑井	座	7.000	1363.55	1862.67	32.59	272.71	218.17	3749.69	26247.82
	s5-2047	砖砌盖板污水检查井,内径 1250、管径 600～800、井深 3.1m	座	7.000	1363.55	1862.67	32.59	272.71	218.17	3749.69	

续表

序号	项目编码	子目名称	单位	工程量	综合单价组成(元)					金额(元)	
					人工费	材料费	机械费	管理费	利润	综合单价	合价
4	040504001002	砌筑井	座	7.000	1024.25	1324.59	19.17	204.85	163.88	2736.74	19157.18
	s5-2046	砖砌盖板污水检查井,内径 1000、管径 200~600、井深 2.75m	座	7.000	1024.25	1324.59	19.17	204.85	163.88	2736.74	
5	041102032001	管(渠)平基座模板	m^2	67.200	26.98	10.96	1.27	5.40	4.32	48.92	3287.49
	s5-2716	现浇混凝土管、渠道平基模板,钢模	m^2	64.910	26.98	10.96	1.27	5.40	4.32	48.92	
6	041102031001	管(渠)道管座模板	m^2	132.580	43.80	11.01	1.27	8.76	7.01	71.85	9525.48
	s5-2718	现浇混凝土管座模板,钢模	m^2	128.180	43.80	11.01	1.27	8.76	7.01	71.85	
7	041101005001	井字架	座	14.000	181.91	4.91	1.37	36.38	29.11	253.68	3551.49
	s5-2771	钢管井字脚手架,井深 4m 以内	座	14.000	181.91	4.91	1.37	36.38	29.11	253.68	

分部分项工程和单价措施项目清单与计价表　　表 5-22

工程名称：某市政污水管道工程

序号	项目编码	项目名称	项目特征描述	计量单位	工程量	金额(元)		
						综合单价	合价	其中:人工费
		分部分项工程						
1	040501001001	混凝土管	1. 基础材质及厚度:C15 混凝土基础,305mm; 2. 管座材质:C15 混凝土管座; 3. 规格:$D700$; 4. 接口方式:钢丝网水泥砂浆抹带接口; 5. 铺设深度:2.5m; 6. 混凝土管截断; 7. 管道检验及试验要求:水压试验	m	240.00	370.77	88984.56	15770.40

续表

序号	项目编码	项目名称	项目特征描述	计量单位	工程量	金额(元)		
						综合单价	合价	其中:人工费
2	040501001002	混凝土管	1. 基础(平基)材质及厚度:C15 混凝土基础,278mm; 2. 管座材质:C15 混凝土管座; 3. 规格:$D600$; 4. 接口方式:钢丝网水泥砂浆抹带接口; 5. 铺设深度:2.4m; 6. 混凝土管截断; 7. 管道检验及试验要求:闭水试验	m	96.00	297.19	28530.53	5200.32
3	040504001001	砌筑井	1. 名称:砖砌圆形污水检查; 2. ϕ1000; 3. 做法详见 06mS201-3-24	座	7	3749.69	26247.82	9544.85
4	040504001002	砌筑井	1. 名称:砖砌圆形污水检查; 2. ϕ1250; 3. 做法详见 06mS201-3-24	座	7	2736.74	19157.18	7169.75
分部小计							162920.09	37685.32
		单价措施						
5	041102032001	管(渠)平基座模板	构件类型:管道平基	m^2	67.20	48.92	3287.49	1813.06
6	041102031001	管(渠)道管座模板	构件类型:管道管座	m^2	132.58	71.85	9525.48	5807.00
7	041101005001	井字架	井深:2.56m	座	14	253.68	3551.49	2546.74
分部小计							16364.46	10166.80
合　计							179284.55	47852.12

3.3.2 计算总价措施费

根据招标工程量清单和常规施工方案，以及计价依据和计价办法分析总价措施项目费用，见表5-23，并将计算结果填入总价措施项目清单与计价表5-24中。

总价措施项目计价分析表　　表5-23

工程名称：某市政污水管道工程

序号	编码	项目名称	费率(%)	人工费	其他费	管理费	利润	合价(元)
1	041109001001	安全文明施工费	3	358.9	1076.71	71.78	57.42	1564.81
1.1		安全文明施工与环境保护费	2	239.27	717.8	47.854	38.28	1043.20
1.2		临时设施费	1	119.63	358.91	23.926	19.14	521.61
2	041109004001	雨季施工增加费	0.5	59.82	179.45	11.964	9.57	260.80
3	041109007001	已完工程及设备保护费	0.5	59.82	179.45	11.964	9.57	260.80
4	041109003001	二次搬运费	0.01	1.2	3.59	0.24	0.19	5.22
合计				479.74				2091.63

总价措施项目清单与计价表　　表5-24

工程名称：某市政污水管道工程

序号	项目编码	项目名称	计算基础	费率(%)	金额(元)
1	041109001001	安全文明施工费	定额人工费	3	1564.81
2		安全文明施工与环境保护费	定额人工费	2	1043.20
3		临时设施费	定额人工费	1	521.61
4	041109004001	雨季施工增加费	定额人工费	0.5	260.80
5	041109007001	已完工程及设备保护费	定额人工费	0.5	260.80
6	041109003001	二次搬运费	定额人工费	0.01	5.22
合计					2091.63

3.3.3 计算其他项目费

本工程其他项目费依据《建设工程工程量清单计价规范》GB 50500—2013和2017年《内蒙古自治区建设工程费用定额》进行计算，结果见表5-25。

$$37685.32\times 1.5\% = 565.28 \text{ 元}$$

其他项目清单与计价表　　表5-25

工程名称：某市政污水管道工程

序号	项目名称	计量单位	金额(元)	备注
1	检验试验费		565.28	
合计			565.28	—

3.3.4 计算规费、税金

规费、税金项目计算见表5-26。

规费：(47852.12＋479.74)×19％＝9183.07 元

税金：(179284.55＋2091.63＋565.28＋9183.07)×9％＝17201.21 元

规费、税金项目清单与计价表　　　　表 5-26

工程名称：某市政污水管道工程

序号	项目名称	计算基础	费率(％)	金额(元)
1	规费	按费用定额规定计算	19	9183.07
1.1	社会保险费	按费用定额规定计算	14.9	7201.46
1.1.1	基本医疗保险	人工费×费率	3.7	1788.28
1.1.2	工伤保险	人工费×费率	0.4	193.33
1.1.3	生育保险	人工费×费率	0.3	145.00
1.1.4	养老失业保险	人工费×费率	10.5	5074.85
1.2	住房公积金	人工费×费率	3.7	1788.28
1.3	水利建设基金	人工费×费率	0.4	193.33
1.4	环保税	按实计取	100	
2	税金	税前工程造价×税率	9	17201.21
合　计				26384.28

3.3.5　计算工程造价

本工程单位工程招标控制价见表 5-27。

单位工程招标控制价汇总表　　　　表 5-27

工程名称：某市政污水管道工程

序号	汇总内容	金额(元)
1	分部分项工程和单价措施项目	179284.55
2	总价措施项目	2091.63
2.1	其中：安全文明措施费	1564.81
3	其他项目	565.28
3.1	检验试验费	565.28
4	规费	9183.07
5	税金	17201.21
招标控制价合计＝1＋2＋3＋4＋5		208325.74

3.3.6　填写总说明

总说明主要包括工程概况、招标范围及招标控制价编制的依据及有关问题说明。本工程招标控制价总说明见表 5-28。

3.3.7　填写招标控制价扉页

招标控制价扉页采用《建设工程工程量清单计价规范》GB 50500—2013 中的统一格式，扉页必须按要求填写，并签字、盖章。本工程招标控制价扉页见表 5-29。

3.3.8　填写封面

招标控制价封面采用《建设工程工程量清单计价规范》GB 50500—2013 附录中的统一格式，封面必须按要求填写，并签字、盖章，如表 5-30 所示。

总说明　　表 5-28

工程名称：某市政污水管道工程

总说明

1. 工程概况

某市政污水管道工程 K0+040～K0+280 段，采用钢筋混凝土平口管道，钢丝网水泥砂浆抹带接口，采用强度等级为 C15 的 120°混凝土管道基础，ϕ1250 砖砌圆形定型污水检查井。干管为 D700×2000mm，支管为 D600×2000mm。

2. 招标范围

污水管道干管、支管及其附属构筑物。

3. 招标控制价的编制依据

(1)《建设工程工程量清单计价规范》GB 50500—2013 和《市政工程工程量计算规范》GB 50857—2013；

(2)2017 年《内蒙古自治区建设工程计价依据》；

(3)该市政污水管道工程施工图纸；

(4)该市政污水管道工程招标文件、招标工程量清单及其补充通知、答疑纪要；

(5)施工现场情况、工程特点及常规施工方案；

(6)《市政排水管道工程及附属设施》06MS201 及《给水排水管道工程施工及验收规范》GB 50268—2008；

(7)2020 年第 5 期《呼和浩特市工程造价信息》；

(8)其他相关资料。

招标控制价扉页 表 5-29

工程名称：某市政污水管道工程

某市政污水管道 工程

招标控制价

招标控制价(小写)208326 元

(大写)贰拾万捌仟叁佰贰拾陆元整

招 标 人：________ 造价咨询人：________

(单位盖章) (单位资质专用章)

法定代表人
或其授权人：________

(签字或盖章)

法定代表人
或其授权人：________

(签字或盖章)

编 制 人：________ 复 核 人：________

(造价人员签字盖专用章) (造价工程师签字盖专用章)

编制时间： 年 月 日 复核时间： 年 月 日

招标控制价封面　　表 5-30

工程名称：某市政污水管道工程

某市政污水管道　工程

招标控制价

招　标　人：____________________

（单位盖章）

造价咨询人：____________________

（单位资质专用章）

年　月　日

3.3.9 装订

招标控制价按图 5-8 的顺序装订。

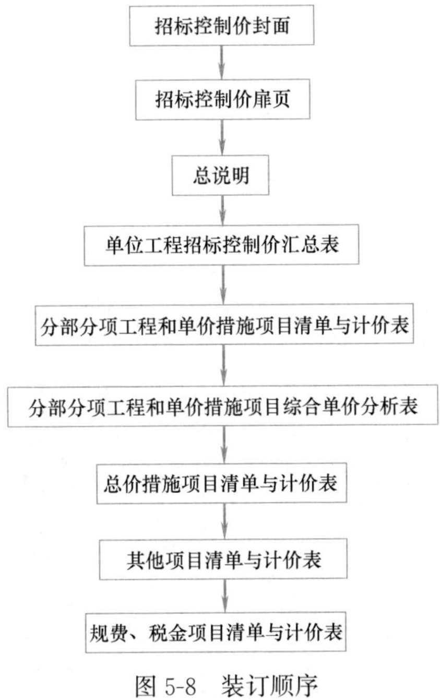

图 5-8 装订顺序

附　　录

每 10m 排水铸铁管刷油与绝热工程量表　　附录 A

公称直径(mm)	DN50	DN75	DN100	DN125	DN150
表面积(m^2)	1.885	2.670	3.456	4.3304	5.089

室内钢管、铸铁管道支架用量参考表　　附录 B

序号	公称直径(mm 以内)	钢管(kg/m)			铸铁管(kg/m)	
		给水、采暖、空调水		燃气		
		保温	不保温		给水、排水	雨水
1	15	0.58	0.34	0.34		
2	20	0.47	0.30	0.30		
3	25	0.50	0.27	0.27		
4	32	0.53	0.24	0.24		
5	40	0.47	0.22	0.22		
6	50	0.60	0.41	0.41	0.47	
7	65	0.59	0.42	0.42		
8	80	0.62	0.45	0.45	0.65	0.32
9	100	0.75	0.54	0.50	0.81	0.62
10	125	0.75	0.58	0.54		
11	150	1.06	0.64	0.59	1.29	0.86
12	200	1.66	1.33	1.22	1.41	0.97
13	250	1.76	1.42	1.30	1.60	1.09
14	300	1.81	1.48	1.35	2.03	1.20
15	350	2.96	2.22	2.03	3.12	
16	400	3.07	2.36	2.16	3.15	

每 100m 钢管刷油、防腐蚀、绝热工程量计算表

公称直径(mm)	管道外径(mm)	绝热层厚度(mm)																					
		0		20		25		30		35		40		45		50		55		60	
		体积	面积	体积	面积	体积	面积	体积	面积	体积	面积	体积	面积	体积	面积	体积	面积	体积	面积	体积	面积
6	10.2	—	3.20	0.199	16.40	0.291	19.70	0.399	23.00	0.524	26.29	0.665	29.59	0.823	32.89	0.998	36.19	1.190	39.49	1.398	42.79
8	13.5	—	4.24	0.221	17.44	0.318	20.73	0.431	24.03	0.561	27.33	0.708	30.63	0.871	33.93	1.052	37.23	1.248	40.53	1.462	43.82
10	17.2	—	5.40	0.245	18.60	0.347	21.90	0.467	25.19	0.603	28.49	0.756	31.79	0.925	35.09	1.111	38.39	1.314	41.69	1.534	44.99
15	21.3	—	6.69	0.271	19.89	0.381	23.18	0.507	26.48	0.649	29.78	0.809	33.08	0.985	36.38	1.178	39.68	1.387	42.98	1.613	46.27
20	26.9	—	8.45	0.307	21.64	0.426	24.94	0.561	28.24	0.713	31.54	0.881	34.84	1.067	38.14	1.268	41.44	1.487	44.73	1.722	48.03
25	33.7	—	10.59	0.351	23.78	0.481	27.08	0.627	30.38	0.790	33.68	0.969	36.98	1.166	40.27	1.378	43.57	1.608	46.87	1.854	50.17
32	42.4	—	13.32	0.408	26.51	0.551	29.81	0.712	33.11	0.888	36.41	1.082	39.71	1.292	43.01	1.519	46.31	1.763	49.60	2.023	52.90
40	48.3	—	15.17	0.446	28.37	0.599	31.67	0.769	34.96	0.955	38.26	1.158	41.56	1.378	44.86	1.615	48.16	1.868	51.46	2.138	54.76
50	60.3	—	18.94	0.524	32.14	0.696	35.44	0.885	38.73	1.091	42.03	1.314	45.33	1.553	48.63	1.809	51.93	2.081	55.23	2.371	58.53
65	76.1	—	23.91	0.626	37.10	0.824	40.40	1.039	43.70	1.270	47.00	1.518	50.30	1.783	53.59	2.064	56.89	2.362	60.19	2.677	63.49
80	88.9	—	27.93	0.709	41.12	0.927	44.42	1.163	47.72	1.415	51.02	1.684	54.32	1.969	57.62	2.271	60.91	2.590	64.21	2.926	67.51
100	114.3	—	35.91	0.873	49.10	1.133	52.40	1.409	55.70	1.703	59.00	2.013	62.30	2.339	65.59	2.682	68.89	3.042	72.19	3.419	75.49
125	139.7	—	43.89	1.037	57.08	1.338	60.38	1.656	63.68	1.990	66.98	2.341	70.28	2.709	73.57	3.093	76.87	3.494	80.17	3.912	83.47
150	168.3	—	52.87	1.222	66.07	1.570	69.36	1.934	72.66	2.314	75.96	2.712	79.26	3.125	82.56	3.556	85.86	4.003	89.16	4.467	92.45
200	219.1	—	68.83	1.551	82.02	1.981	85.32	2.427	88.62	2.890	91.92	3.369	95.22	3.865	98.52	4.378	101.82	4.907	105.11	5.454	108.41

参 考 文 献

[1] 中华人民共和国国家标准. 建设工程工程量清单计价规范 GB 50500—2013 [S]. 北京：中国计划出版社，2013.

[2] 中华人民共和国国家标准. 通用安装工程工程量计算规范 GB 50856—2013 [S]. 北京：中国计划出版社，2013.

[3] 中华人民共和国国家标准. 市政工程工程量计算规范 GB 50857—2013 [S]. 北京：中国计划出版社，2013.

[4] 内蒙古自治区建设工程标准定额总站. 2017 年内蒙古自治区通用安装工程预算定额. 北京：中国建材工业出版社，2018.

[5] 内蒙古自治区建设工程标准定额总站. 2017 年内蒙古自治区市政工程预算定额. 北京：中国建材工业出版社，2018.

[6] 内蒙古自治区建设工程标准定额总站. 2017 年内蒙古自治建设工程费用定额. 北京：中国建材工业出版社，2018.

[7] 谭翠萍. 建筑暖通、给排水工程施工造价管理 [M]. 北京：机械工业出版社，2017.

[8] 谭翠萍. 建筑安装工程计量与计价 [M]. 北京：机械工业出版社，2017.

[9] 祝丽思. 市政工程工程量清单计价 [M]. 北京：中国铁道出版社，2018.

[10] 祝丽思. 市政工程计量与计价 [M]. 北京：北京理工大学出版社，2020.